A 遠望したときのシラス台地（鹿児島県国分市春山原付近）．
横一線の平坦な上面がシラス台地面．背景は霧島山，右端の高峰は韓国岳．中央部の低地は国分平野．

B シラスの崖（鹿児島県鹿児島市小野町西ノ谷）．
崖の高さは約60m．

C シラスのクローズアップ（鹿児島県東市来町江口）．
目立つ岩片のほとんどは軽石塊．ペンの下端左側や右端中部などに黒く見えるのが石質岩片．

D シラスの崖に刻まれた鉛直のガリー（鹿児島県霧島町牧内）.

E 多数の小ガリーが発達したシラスの造成地（鹿児島県鹿屋市下高隈町）.

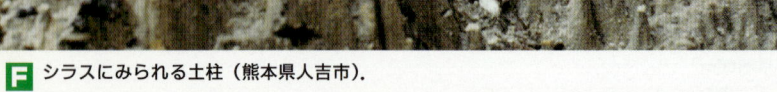

F シラスにみられる土柱（熊本県人吉市）.

G 入戸火砕流堆積物の溶結部と柱状節理（鹿児島県国分市入戸）.

I 入戸火砕流堆積物の溶結部で構成されるヤルダン状河床（宮崎県都城市関之尾の滝の直上流）.

H 河床部を構成する入戸火砕流堆積物の溶結部（鹿児島県大隅町の大鳥峡）.

J バイアスカルデラ（アメリカ合衆国）周辺に見られるテント岩.

K カッパドギア（トルコ）のテント岩.

L 黄土高原（中国）の景観.

シラス学

九州南部の巨大火砕流堆積物

横山勝三 著

古今書院

Geomorphology of "Shirasu" Ignimbrite

Shozo Yokoyama

*Faculty of Education,
Kumamoto University*

Kokon Shoin, Publishers, Tokyo

まえがき

　昭和40年（1965年）に，大学の卒業論文で私が郷里・鹿児島のシラス（台地）の調査・研究に取り組んで以来，40年近い歳月が経過した．この間，科学技術の進歩や社会情勢の変化，環境の変容ぶりは実に目覚ましく，まさに激変の時代であった．学生時代と現在とを比べると，さまざまな側面で隔世の感がある．原稿作成や作図は手書きであったものがワープロやパソコンでの作業が常識となり，謄写版や"青焼き"コピーの時代からハイテクコピー機の時代へ変わった．乗り物では，誰もがマイカーを持つようになり，蒸気機関車から新幹線の時代へ変わり，高嶺の花であった飛行機も庶民の足になった．このような時代の激しい変化の中で，シラス地域の景観も一変したところが少なくない．道路は，砂ぼこりの舞い上がる砂利道から，田舎の細道までがほとんど舗装路になり，高速道路もつくられた．のどかな畑作景観が広がっていたシラス台地や丘陵が大規模に土地造成され，近代的な都市や住宅地に変容した所もあれば，ジャンボ機が離着陸する国際空港になった所もある．

　この間，シラスに関する地質学，火山学，工学，災害や防災などの分野における研究は大いに進み，シラスに対する理解は著しく深められたと言える．しかし，シラスの"地形"に関する研究は，これまでとくに盛んであったとは言い難い．

　一方，シラスがつくる地形は，九州南部にみられる地形の中で最も広い面積を占め，この意味で，シラスの地形に対する理解は，九州南部の地形を論じる上で不可欠である．また，シラスは各地に多彩な地形をつくりだし，地形学的にみても興味深く，解明すべき問題点も多い．さらに，シラスがつくる地形は，地形学的にみて基本的かつ重要なものが多く，それらは地形（学）の基礎を学ぶ上で優れた教材でもある．

　上述したことを踏まえ，本書では，シラスの地形学的側面を中心とし，また，

シラスの地形学的な問題と密接不可分な関係にある地質学的・火山学的側面ならびにシラスと人間生活とのかかわりなども含めたシラス像を描くことを執筆目的とした．

　本書では，とくに地形学や火山学などの基礎を必ずしも十分に習得していない人も含め，地形や火山などの自然に興味をもつ幅広い読者を想定した．このため，基本的な用語のうち必要なものには最低限の解説を加え，また，地形（学）の基本的な見方，事実や具体例，論拠などをできるだけ示すよう努めた．ただ，いくつかの用語は，解説の簡略化が困難なため，敢えて解説を加えずそのまま使用したものもあることをお断りしておく．

　藩政時代の島津藩における郷中教育の中心をなしていたものに"山坂達者の教育"というのがあったという．これは，各所にあるシラス台地上へ通じる急な坂道の上り下りを通して，青少年の心身を鍛練するというものである．私がこれを知ったのは比較的最近のことである．私は，とくに大学院の学生時代の数年間，連日125 cc.の自動二輪車を乗り回し，シラスの野外調査に明け暮れた．シラス地域の野山を歩き回ったこと（日数）に関しては，人後に落ちないという自負がある．いま思うに，結果的には，山坂達者の教育を自ら実践したということになるのであろう．その成果がどれだけあったのかは，私自身にはわからない．ただ，この野外調査で，私は郷里の自然に接してさまざまなことを学び，野外調査の楽しさを知り，また，多くの思い出をつくることができた．これまでの40年近くの間，私がシラスに対して興味を持ち続けられたのは，シラスが郷里の風土を特徴づける主体であるため，とくに愛着があったということもさることながら，何よりもシラスが"面白い"研究対象であったからにほかならない．読者の方々が，本書の中にその面白さをいくらかでも感じていただけたら幸いである．また，本書が，シラスや地形（学）に対する理解に止まらず，さらにそれぞれの読者が自らの生活の舞台である身近な地域の地形や風土に対しても関心を広げるきっかけになれば，嬉しい限りである．

　本書の多くの部分は，私自身のこれまでの研究で扱った内容を中心に構成されている．したがって，例えばシラスの崖崩れや風化の問題などをはじめ，本来ならば詳述すべきシラスの重要な問題でも，本書ではとくに詳しくは言及しなかったものもいくつかある．これらについては，それぞれの分野の文献を参照していただきたい．

　本書の執筆に際しては，多くの文献を参考にしたが，本書の性質上，第5章

を除き，通常の論文におけるような本文中における文献の引用形式は必要最低限にとどめ，引用文献およびおもな参考文献は巻末に一括して示した．なお，本書に使用した写真はすべて私自身が撮影したものである．

　本書の執筆・出版に際しては，とくに以下の方々にお世話になった．大先輩である鈴木隆介氏（中央大学）からは，学部学生の時以来，常に啓発を受け，本書の内容・形式全般に関しても多くの教示を受けた．畏友の渡辺一徳氏（熊本大学）には，研究および教育に関する日頃の談論を通して刺激と励ましを受けた．松倉公憲氏（筑波大学）には，文献の入手・閲覧の際に協力を仰ぎ，また，原稿に対するコメントも受けた．宮縁育夫氏（森林総合研究所九州支所）には，図の作成に関してお世話になった．本書の出版を引き受けていただいた古今書院の関田伸雄氏には，構成や形式をはじめ，本書の出版全般に関してコメントをいただいた．以上の方々に，心よりお礼を申しあげたい．

　本書の執筆中に，私のシラス研究と深いかかわりがあり，大変お世話になった三人の方が他界された．学部学生の時にシラス地域で引率してご教示下さり，私がシラスの研究に取り組むきっかけをつくって下さった太田良平氏（工業技術院地質調査所），東京教育大学の学部から大学院の学生時代を通じて私の指導教官であった町田　貞先生（筑波大学名誉教授），文部省の在外研究でカリフォルニア大学（サンタバーバラ）に滞在した際にお世話になり，また，シラス地域の野外調査にもご一緒していただいたRichard, V. Fisher先生（UCSB名誉教授）のお三方である．このお三方に本書をお見せできなかったのは，誠に残念である．本書を，お三方の霊に捧げ，改めてご冥福をお祈りしたい．

目次

まえがき

第1章 シラスとは何か……………………………………………………1
    1.1 シラスの定義　1
    1.2 入戸火砕流堆積物という名称　3

第2章 シラスの構成物と物性……………………………………………7
    2.1 シラスの構成物　7
    2.2 シラスの粒度組成　9
    2.3 シラスの中の不均質部　10
    2.4 シラスの色　16
    2.5 シラスの固さ　17

第3章 シラスの分布………………………………………………………20
    3.1 シラスの現在の分布　20
    3.2 基盤地形との関係でみたシラスの分布　22

第4章 シラスの性状の地域的変化………………………………………28
    4.1 シラスの分布高度　28
    4.2 軽石塊および石質岩片の粒径　31
    4.3 溶結作用と溶結部　34
    4.4 シラス地域における溶結作用とその影響　39

第5章 シラスの研究史……………………………………………………47
    5.1 先シラス期　49

5.2　シラス・火砕流期　53

第6章　シラス台地の地形 ……………………………………… 57
　　6.1　シラス台地面　57
　　6.2　シラス台地崖　61

第7章　シラスの堆積過程 ……………………………………… 66
　　7.1　巨大火砕流　66
　　7.2　入戸火砕流：シラスを生じた巨大火砕流　68
　　7.3　巨大火砕流の性状　70

第8章　シラスの堆積地形 ……………………………………… 73
　　8.1　シラスが堆積した頃の気候と古地理　73
　　8.2　シラスの原分布　75
　　8.3　シラスの堆積地形　78
　　8.4　原堆積面と溶結後堆積面　83
　　8.5　火砕流原の特性　84
　　8.6　シラスの堆積年代　85

第9章　シラスの侵食過程と火砕流堆積物の侵食地形 …………… 88
　　9.1　布状洪水　88
　　9.2　シラス台地の形成　93
　　9.3　旧開析谷の形成　98
　　9.4　河成段丘の形成　102
　　9.5　河川争奪　106
　　9.6　水系と水系網　111
　　9.7　火砕流丘陵　120
　　9.8　バッドランドとテント岩　124
　　9.9　火砕流凹地　126
　　9.10　溶結部の侵食地形　131

第10章　シラスの噴火と噴火災害 ………………………………… 136

10.1　始良カルデラとシラスの噴火　　136
　　　10.2　シラスの噴火と巨大火砕流災害　　139
　　　10.3　シラスの噴火に伴う植生の破壊と再生　　145

第11章　シラスと黄土がつくる地形の類似性……………………………151
　　　11.1　黄土とは　　151
　　　11.2　シラスと黄土の地形の類似性　　154
　　　11.3　シラスと黄土の地形形成過程　　156

第12章　シラス文化と火砕流文化………………………………………158
　　　12.1　シラス文化　　158
　　　12.2　火砕流文化　　160

引用・参考文献……………………………………………………………164
索引…………………………………………………………………………173

第1章 シラスとは何か

　鹿児島県を中心とし，宮崎県や熊本県の南部地域を含む九州南部（図1）には，"シラス"と呼ばれる白っぽい砂質の堆積物(たいせきぶつ)が広く分布している．シラスは，多くの場所で厚さが数十メートル以上に及び，いわゆるシラス台地をつくっている．シラス地域では，大雨があるとシラスの崖崩れがしばしば起こり，これに伴って人的・物的被害が生じたことも少なくなかった．その一方で，シラスはスコップなどでも容易に削り取れる軟らかい"土"であることから，古くから人間生活の種々の場面で利用されてきた．また，近年では都市化の進行に伴う大規模な土地造成などをはじめ，シラスで構成される土地そのものの人為的な改変も著しく進行している．

　本章では，まず"シラス"とは何かということについて述べ，次いで，本書で対象とするシラスとその名称に関する問題点について私見を述べる．

1.1 シラスの定義

　シラスという言葉は，古くから広く使われていた"白砂"や"白洲"などの俗語に由来し，これらはいずれも，もともとは白い砂に関連して生まれた日常語である．これらの言葉が使われ始めた時期は明らかではないが，古文書に多く登場するのは鎌倉時代以降であると言われている（太田・竹崎，1966）．

　堆積物としてのシラスについては，広辞苑では，"白砂"の漢字があてられ，"大隅・薩摩両半島，都城付近に広く分布する火山灰・軽石の層．現在の鹿児島湾を形成している昔の姶良(あいら)火山・阿多火山などの噴出物が堆積したもの."と解説されており，また，ほかのいくつかの国語辞典でも類似の内容が示されている．

　この九州南部のシラスと外見がよく似た堆積物は，国内だけでも，例えば北

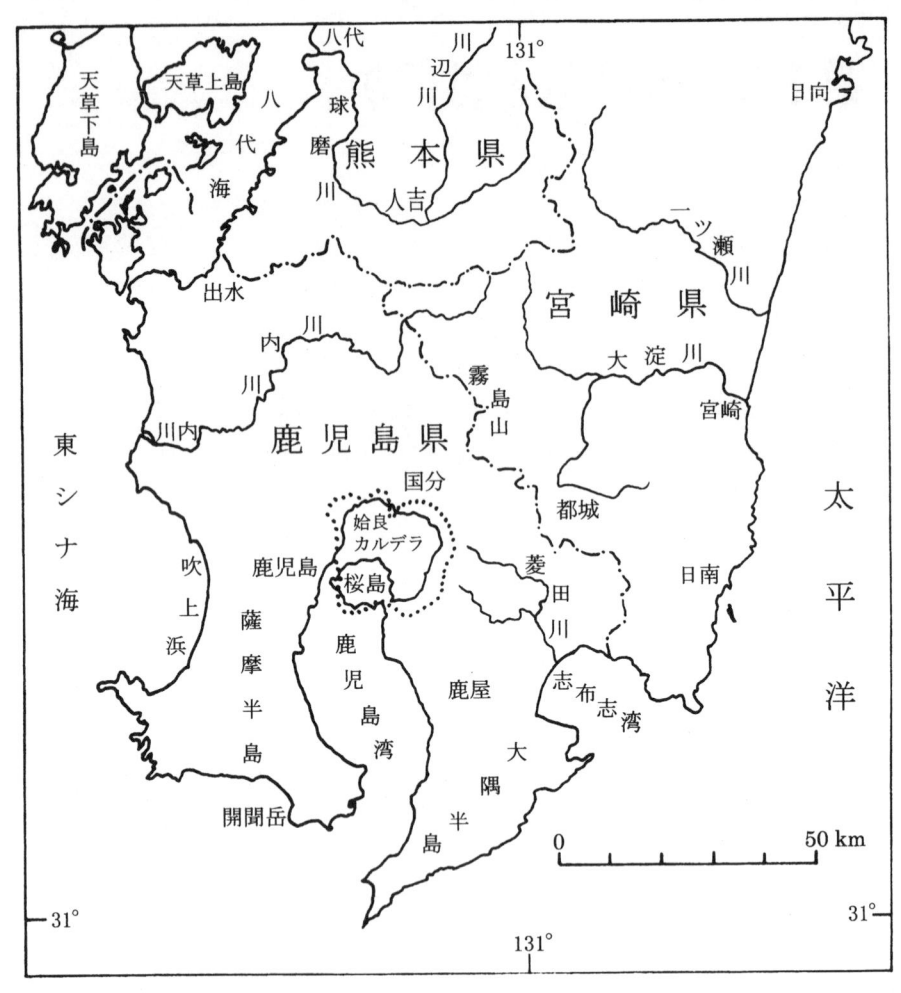

図1　九州南部の主要な地名図
点線は姶良カルデラの輪郭（Matumoto, 1943による）.

海道の支笏湖周辺や東北地方の十和田湖周辺などをはじめ，いくつかの火山周辺に広く分布しており，それほど珍しいものではない．これらの堆積物もシラスと呼ばれたことがある．

　このように，シラスという言葉は，もともとは白い砂という意味で広く一般的に使われ，九州南部の特定の堆積物だけに対して使われてきたわけではない．しかし，今日では通常，九州南部に分布する白っぽい砂質・軽石質の堆積物（おもに火山噴出物）を指す固有名詞のように使われることが多い．これは，

九州南部のものがとりわけ広域かつ大量に分布していることによると思われる．

九州南部で一般にシラスと呼ばれているものも，詳しく見れば実は多くの種類に分けられる．例えば薩摩半島の南端にある池田湖周辺には，池田湖の形成に関連したシラス（火山噴出物）が分布しているが，このシラスは，鹿児島市付近をはじめ薩摩半島や大隅半島に広く分布するシラスとは噴出源や年代（噴出時期）が異なる．また，鹿児島湾を隔てて鹿児島市の南東対岸にある垂水市付近にあるシラスは，上部が均質に見えるのに対して，下部には多くの縞模様（成層構造）が認められ，上部と下部とでは，噴火・堆積様式に差異があったことがわかる．さらに，宮崎県の都城市や熊本県の人吉市などをはじめとする各地には，流水で運ばれ下流側の別の場所に再堆積した"二次的な"シラスも多く見出される．このように，九州南部でシラスと呼ばれているものの中には，噴出源や噴出時期，噴火様式などの異なるさまざまな火山噴出物があるほか，火山噴出物が水で運ばれて再堆積した水成の堆積物もある．すなわち，シラスは，噴出源，生成時期，成因などの異なる多くの種類に分けられる．しかし，九州南部に分布しているシラスの大部分は，従来，"入戸火砕流堆積物"と呼ばれている火山噴出物で占められており，それ以外のシラスは量的には少ない．

入戸火砕流堆積物は，今から約2万5千年前，鹿児島湾奥に位置する姶良カルデラの場所で生じて周囲へ広がった巨大な入戸火砕流の堆積物である．本書で取り扱うシラスは，この入戸火砕流堆積物であり，以下では，とくに断らない限り，入戸火砕流堆積物に限定してシラスという用語を使うことにする．

1.2 入戸火砕流堆積物という名称

本書でおもな対象とするシラス，すなわち"入戸火砕流堆積物"の"入戸"とは何かということを，まず説明する必要があろう．入戸は，鹿児島湾の北側に位置する鹿児島県国分市の北部にある地名で，国分市の市街地から北方へのびる県道2号線を，6 kmほど行った所にある．ただし，この入戸の地名は，昭和40年代初期以前の地形図上で使われていたが，その後の地形図上では牧神という地名に変えられている（図2）．しかし，現地のバスの停留所名は，今でも入戸のままである（写真1）．なお，例えば昭和41年発行の5万分の1地形図上では，入戸の地名には［イト］という振り仮名が添えてある．

図 2　鹿児島県国分地域の地形図
（5万分の1「国分」NH-52-7-2（鹿児島2号）昭和43年編集）
図中央部の春山原および須川原付近にあるA〜Gは図24の断面図の位置．

写真1　国分市入戸バス停留所（鹿児島県国分市）

　地質学では，種々の地層や岩石に対して，その分布地の地名を冠して固有名詞化して呼ぶことが多い．例えば，関東ローム層とか，大阪層群，大隅花崗岩とかいった類である．これ以外にも，例えば桜島の昭和溶岩や大正溶岩などのようにその生成時期の名称をつけたもの，また，シラスのようにその外観（層相や岩相）に基づく名前もあり，さらにこのほかにもさまざまなものに由来する名称がある．

　"入戸火砕流"という名称は，もともと，1956（昭和31）年に，沢村孝之助氏が国分地域の地質図を刊行した際に命名した"入戸軽石流（Ito pumice flow）"という呼称に由来する．この"入戸軽石流"は，その後，より一般的な"入戸火砕流"という名称で呼ばれるようになった．入戸火砕流堆積物は，その後の研究で，九州南部全域に広く分布する"シラス"の主体であることが明らかになり，多くの研究がなされ，いまでは，国内はもとより海外の研究者にも広く知られる有名な火砕流堆積物の一つになっている．

　ここで問題にしたいのは，入戸［イト］の発音である．結論から言うと，"入戸"は［イト］ではなくて，本来［イリト］と発音すべきだということである．実は［イト］は，鹿児島弁訛りであって，やはり［イリト］という発音が正しい．念のために，私はお年寄りなど何人かの地元の方々に直接尋ねてみたが，どの方も"［イリト］です"という答えであった．鹿児島弁には，特有の訛り

の言葉が多いのが特徴である．例えば，鹿児島や国分，川内(せんだい)などの地名は，それぞれ［カゴイマ］，［コクッ］，［センデ］であり，ダイコン（大根）やニンジン（人参）なら［デコン］，［ニジン］といった類である．このような特有な発音が，県外者からは鹿児島弁が国内でも最も難解な方言の一つと言われる理由である．鹿児島弁では，例えば"釣り"は［ツイ］，"鳥"は［トイ］のように，［リ］が［イ］と発音されることが少なくない．［イリト］なら［イイト］→［イート］（［イー］のほうにアクセントがあり，発音は英語のeatに近い）ということになる．私は，この［イート］の発音が（おそらく，地形図作成の関係者に）［イト］と聴き取られ，振り仮名までつけられたのであろうと考えている．

この［イリト］の読みに関しては，実際に［イリト］と振り仮名をつけた文献もある（例えば，太田，1964）．しかし，残念ながらこの［イリト］の読みは普及せず，現在では，研究者間や文献上では"イト"の呼称が完全に定着している．私は，鹿児島弁を母語とする者として，学生時代からこの"イト"の呼称を気にかけ，訂正の必要性を思い続け，本来は［イリト］であるという指摘をしたこともある．しかし，"改名"（？）に伴って別の混乱が生じる恐れもあることを考慮し，結局は私自身も［イト］の呼称を使い続けてきた．その意味では，［イト］を普及・定着させた責任の一端は私自身にもあり，大いに反省している．

"入戸火砕流"には，もう一つの問題点がある．上述したように，入戸は国分市内のローカルな一地名にすぎず，しかもその地名は，今では地図上からは消滅している．一方，入戸火砕流堆積物は，後章で詳述するように，九州南部全域に分布している．このような広域に分布するものに対して，ローカルな地名を冠した呼称を使うのは不適切であるという点である．この種の問題は，研究の進歩とともによく起こることであり，避けられないことと言えるであろう．しかし，これまでに述べてきたことを踏まえると，"入戸(いと)"の呼称は，いずれは適切な名称に改められるのが望ましいと考えている．

第 2 章　シラスの構成物と物性

　シラスを知るのに最も良い方法は，もちろん，シラスがある場所へ行って，現地で実際にシラスを観察することである．シラスという言葉を知っている人でも，実際にシラスの現物を見たことのない人が少なくないと思われるので，本書の読者でまだ現物を見たことのない方は，是非一度は現地でシラスを観察してほしい．シラスの現地観察は，当然，シラスが白い地肌を見せている場所（これを露頭という）で行う．建設工事などによるシラスの掘削地や最近の崩壊地のような新鮮な露頭は，とくに良い観察場所である．シラスの露頭は，シラスの分布地域（次章の図5）なら，道路沿いなどのいたるところに存在するので，誰にでも容易に見出せるであろう．本章では，シラスの構成物およびシラスに見られる堆積物としてのいくつかの特徴を述べる．

2.1　シラスの構成物

　シラスは，多くの場所で厚さが数十メートル以上，最大約150 mにも達する厚い堆積物である．最も一般的なシラスの構成物は，大きいものから順に，大小（一般には，径数十センチメートル以下）の白い軽石塊（岩石学的には，SiO_2含有量75％前後の流紋岩），安山岩や砂岩，頁岩などの岩石破片（これを石質岩片または石質破片と呼ぶ），小粒（径数センチメートル以下）の軽石塊や石質岩片，さらにこれより小さい微粒子（粉末）などである（口絵C）．この微粒子は，何種類かの鉱物（斜長石，石英，シソ輝石，磁鉄鉱など）の結晶粒や火山ガラス，石質岩片の粒子などで構成されており，これらはルーペや顕微鏡などを使って観察できる．

　シラスは，元来"白い砂"に由来すると述べたが（前章），"砂"という用語は，厳密には粒子の大きさ（粒径）が 2〜1/16 mmのものを意味し，これより

大きいものは礫(れき),小さいものはシルト(1/16〜1/256 mm)および粘土(1/256 mm以下)と呼ばれている.つまり,シラスには砂より大きい礫も,また,砂よりも小さいシルトや粘土なども含まれているので,シラスを単純に"砂"とは呼べない.また,シラスはしばしば"火山灰(土)"とも呼ばれる.一般に"火山灰"という言葉は,"細粒の火山噴出物"という程度の意味で使われているが,実は,"火山灰"にもきちんとした定義がある.すなわち火山灰は,粒径が2 mm以下の火山噴出物の粒子という意味であり,これより大きい岩石破片は,火山礫(径2〜64 mm)および火山岩塊(径64 mm以上)と呼ぶ.したがって,粒径が数センチメートル以上の軽石塊や石質岩片を含むシラスは,単純に"火山灰(土)"とも呼べないのである.いずれにせよ,シラスは,火山灰,火山礫,火山岩塊などが混じり合った堆積物である.このような大小の粒子(大きさの如何にかかわらず,粒子と表現する)が混合した火山噴出物は,凝灰岩(ぎょうかいがん)(火山灰成分が多い場合)とか凝灰角礫岩(火山岩塊成分が多い場合)などと呼ばれる.また,シラスのように大きい岩片(粗粒物)と小さい粒子(細粒物)との混合物に対しては,細粒物が粗粒物の間を充填しているという意味で,充填しているほうの細粒物をマトリックス(基質)と呼ぶ.すなわちシラスは,軽石塊や石質岩片およびそれらのマトリックスをなす火山灰などで構成されているということになる.

　シラスに含まれる軽石は,スポンジや発泡スチロールのような孔だらけの白色の岩石であり,密度は0.3〜0.9 g/cm³程度と小さいことが特徴である.すなわち軽石は,文字通り"軽い石"であり,水に浮くものが多い.このため,かつては"浮石(ふせき)"とも呼ばれていた.軽石は,もともとマグマに溶けていたガス成分が急激に抜けること(これを発泡という)でできた岩石である.すなわち軽石は,シラスを堆積させた噴火活動を引き起こしたマグマに由来するものであり,このようなものを本質物質と呼ぶ.これに対して,石質岩片は,噴火活動の前から地下や地表にあった種々の岩石が,地下で移動中のマグマや流動中の火砕流の中に地表から取り込まれたものであり,いわば噴火の巻き添えを食ってシラスの中に紛れ込んだものである.このうち,本質物質と岩石学的に類縁関係にある火成岩があれば,これを類質物質と呼び,砂岩や頁岩などのように本質物質とは岩石学的に明らかに無関係のものを異質物質と呼ぶ.以上のことから,シラスは種々の大きさの本質物質(軽石と軽石に由来する細粉)と類質・異質物質で構成されているということになる.

2.2 シラスの粒度組成

　シラスは，大小さまざまな粒子が混じり合ったものであるが，実際にどのような大きさ（これを粒度という）のものが，どのような割合でシラスを構成しているのかという問題，すなわち粒度組成（または粒度分布）は，具体的にはどのようになっているのだろうか．これを正確に知るためには，シラスを規定の篩を使って篩い分けをして，その結果を，規定の粒度の区分ごとの重量比で示すのが一般的な方法である．この篩い分け（粒度分析）をするのは，少々面倒な作業で，ことに大きな岩塊を含むシラスの粒度分析は，手間と労力がかかる．

　図3は，各地におけるシラスの粒度分析結果を示したものである．この図によると，シラスは，火山岩塊から火山灰までのあらゆる大きさの粒子で構成されていることがわかる．このように，種々の大きさの粒子で構成されている堆積物については，その全体が粒揃いであるか否かを表現するために，分級（または淘汰）という用語を使う（通常は，英語のsorting：ソーティングという用語をそのまま使うことが多い）．すなわち，堆積物が全体として粒のよく揃った粒子で構成されていれば"ソーティングが良い"と言い，逆に，大小さまざ

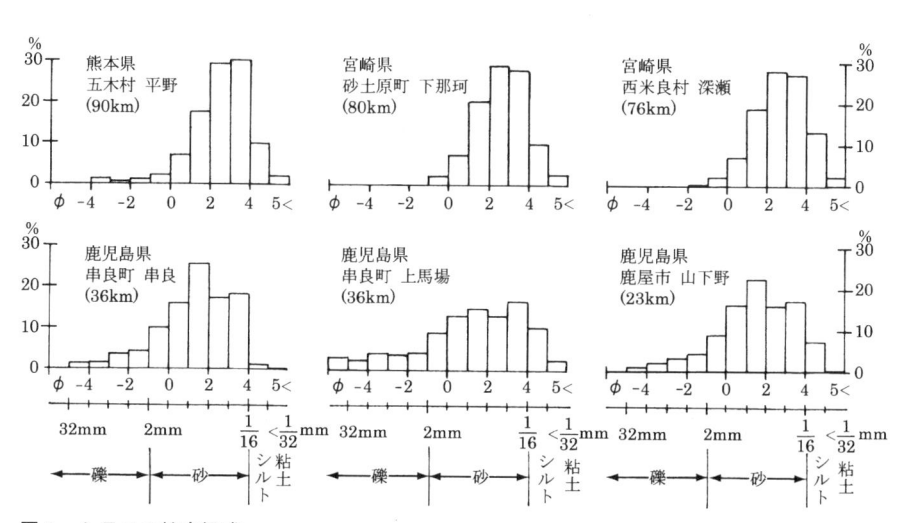

図3　シラスの粒度組成
　縦軸は重量比，横軸は粒径（φスケール）．下段には，φスケールに対応するmm単位の粒径も併記．各地名の下の（　）内は，姶良カルデラの中心からの距離．

まな粒子の混合体は"ソーティングが悪い"と言う．このことから，シラスは，ソーティングの悪い堆積物ということができる．一方，例えば海岸砂丘の砂は，風によって一定の大きさの砂だけが飛ばされて堆積した粒揃いの砂であるので，シラスに比べると格段にソーティングが良いのが特徴である．粒度組成やソーティングの特性は，堆積物の成因（運搬，移動，堆積過程）を反映しているので，成因を知る上で重要な手がかりを与える．ソーティングが悪いというシラスの特徴は，シラスを生じた火砕流にはソーティングの作用が働かなかったこと，換言すると，火砕流は堆積物にソーティングが生じないような流動（移動）・堆積過程であることを示している．

2.3 シラスの中の不均質部

シラス地域では，各所でシラスが露出し，数十メートル四方以上に及ぶ巨大な露頭が見られる場所も少なくない．このような露頭を肉眼で観察すると，どの部分もほぼ似たような外観を呈し，一見，全体がほぼ均一な堆積物のように見えることが多い．しかし，場所によっては，シラスには不均一な部分が認められることも少なくない．すなわち，構成物や粒度組成，色などの特徴（これを層相という）を異にする部分が縦方向か横方向に発達し，明らかに区別すべき層相変化が認められることがある．そこで，全体として均一に見える部分を均質部と呼び，不均一な部分を不均質部と呼ぶことにする．不均質部には，形成過程の差異を反映して特徴の異なるいくつかのタイプがあるが，ここでは，そのうちおもなものについて述べる．

2.3.1 複数のフローユニットの重なり

火砕流堆積物を野外で認識する際，一つの重要な基準となるのはフローユニット（flow unit）という概念である．すなわち，一つの火砕流の"流れ"に対応した堆積物が一つのフローユニットである．ただし，一つの火砕流は，必ず一つのフローユニットの堆積物をつくるとは限らない．一つの火砕流でも，流れる途中で複数の"流れ"に分かれ，その結果，複数のフローユニットの堆積物になることがある．例えば火砕流の通路に山などの"障害物"がある場合，もともとは一つの火砕流であっても，その山の影響で複数の"流れ"に分かれてしまい，山の背後ではその複数の"流れ"が相前後して重なり合って堆積し，

写真2　複数のフローユニットからなるシラス層（鹿児島県鹿屋市新川町）
シラスは大きく3層に分けられ，その上位には水成シラス層および
火山灰・土壌層（ともに厚さ約3m）がほぼ水平に重なる．

複数のフローユニットの堆積物になるような場合がある．このように，フローユニットは，発生時における火砕流の単位というよりも，野外で堆積物を認定する際の"流れ"の単位と考えたほうがよい．

　火砕流は流動性に富むので，その堆積物は薄く広がってシート状に堆積する傾向が強い．したがって，一つのフローユニットの堆積物は，露頭ではほぼ水平に堆積していることが多い．一つのフローユニットの堆積物内では，例えば上部に"軽い"軽石塊が集積していたり，下部に"重い"石質岩片が集積していたりするなど，上下方向での層相の差異が見られることが少なくない．複数のフローユニットの堆積物が累積している場合，粒度組成や色などの差異をはじめ，層相を異にするフローユニットの堆積物がほぼ水平に重なり合っているため，成層構造が認められることが多い．

　シラスの中には，明らかに複数のフローユニットの堆積物が累積して生じた，ほぼ水平な成層構造が認められる場所がある（写真2）．複数といっても，実際には上下2層すなわち二つのフローユニットが認められる場合が多く，数層以上が認められる場所は少ない．

2.3.2　ガスパイプ

写真3　ガスパイプ（鹿児島県吹上町伊作）
ハンマーの柄の長さは約27 cm.

　シラスの中には，周囲のシラスとは明らかに構成物や粒度組成が異なる，縦方向の管状構造がしばしば認められる．これは，シラスを生じた火砕流が定着した後に冷却していく過程で，シラス全体から放出されるガスが上方へ抜け出る際に，とくにある部分に沿ってまとまって抜け出たその抜け道，すなわちガスの集中的な通路の跡を示すもので，その形状と成因からガスパイプ（gas pipe）と呼ばれる．ガスパイプは，"吹き抜けパイプ構造"とか"二次噴気孔"あるいは単に"パイプ"とも呼ばれ，火砕流堆積物の中に残された"煙突"ないしは"煙の通路"の化石とでも言えるものである（写真3）．

　ガスパイプは，屈曲したり枝分かれしたりして，全体としては縦方向に伸びる構造であり，管の大きさは，一つのパイプでも場所ごとに複雑に変化しているものが多い．管の直径は，大きいものでは1 m以上にも及ぶものがある．

　ガスパイプは，堆積物の上部によく見出される．これは，ガスの集中が堆積物の上部ほどより起こりやすいということに関係していると思われる．また，シラスの中に含まれる炭化木から発源して上方に伸びているパイプもある．これは，火砕流の中で蒸し焼きにされた樹木から放出されたガスがパイプの形成に関与したことを示すと思われる．

　ガスパイプは，ある程度の大きさの新鮮なシラスの露頭面でなら，たいていは見つけだすことができる．稀には，"ガスパイプ群集"とでも呼べる多くのパ

第2章　シラスの構成物と物性　13

写真4　**軽石の円礫を含むガスパイプ**（熊本県熊本市大鳥居町）
阿蘇火砕流堆積物．折尺の最上部の水平に折った部分の長さは約14 cm．

写真5　**火山豆石で充填されているガスパイプ**（鹿児島県志布志町大続）

イプの密集部が見られることもある．ガスパイプの部分は，大小の石質岩片や鉱物の結晶粒などの"重い"物質で構成されていることが多い．これは，ガスの上昇流で，その通路沿いにあった火山灰などの軽い細粒物質が噴き上げられ，重い物質のみが通路内に残留集積した（すなわち，ガス流によるソーティング

が起きた）結果と考えられる．石質岩片を主とするこのようなガスパイプは，細粒物質を欠くのできわめて隙間に富むのが特徴である．また，軽石塊や火山灰を混じえたガスパイプもよく見られ，パイプの中の軽石塊には角が取れて丸くなったものが認められることもある（写真4）．これは，パイプの形成時のガス流による軽石塊の周辺粒子の運動ならびに軽石塊自身の回転などによって，軽石塊の表面が磨耗したものと考えられる．このほか，大隅の松山町から志布志町地域では，シラスの中に多くの火山豆石（火山灰が凝集して形成された直径数ミリメートル〜2cm程度の小球）が含まれ，パイプがおもに火山豆石で充填されているきわめて特異な"火山豆石パイプ"もある（写真5）．

　ガスパイプは，その堆積物が火砕流起源であることを示す最も端的な証拠でもある．実際に野外では，ある堆積物が火砕流堆積物であるのか，それとも別の成因のもの（例えば流水で再堆積した二次的なもの）であるのかの判定がつけにくいことが少なくないが，そのような場合，堆積物の中にガスパイプが見出されれば，火砕流堆積物と認定する決め手になる．

2.3.3　石質岩片集積部

　シラスの中には，石質岩片が集積した部分がしばしば認められる．上述したおもに石質岩片で構成されるガスパイプもこの例である．この石質岩片の集積部のうち，最も普遍的に認められるものは，シラスの基底部すなわちシラスの最下部に基盤に接するように発達しているもので，これを（石質岩片）基底集積部と呼ぶ（図4）．これは，"重い"石質岩片が流走中の火砕流の下方へ沈積して生じたものが主体であるが，流走中の火砕流の中に地表から取り込まれた岩片（異質岩片）を含むものもある．基底集積部は，ほとんど角礫だけからなる"角礫層"をなして，シラスの"下位"に発達していることがあり，このような場合には，シラスと"角礫層"とがまったく無関係な別々の堆積物であるかのように見える（写真6）．このほかにも，シラスの中の種々な位置（層準）に，石質岩片が塊状に集まっている塊状集積部もある（図4）．

2.3.4　軽石塊集積部

　シラスの中には，軽石塊の集積部が見られることが少なくない．露頭面で見られる軽石塊集積部の形は，全体として水平方向に伸びているもの，水平方向にレンズ状のもの，水平方向に厚さが増減するものなど種々なものがある．軽

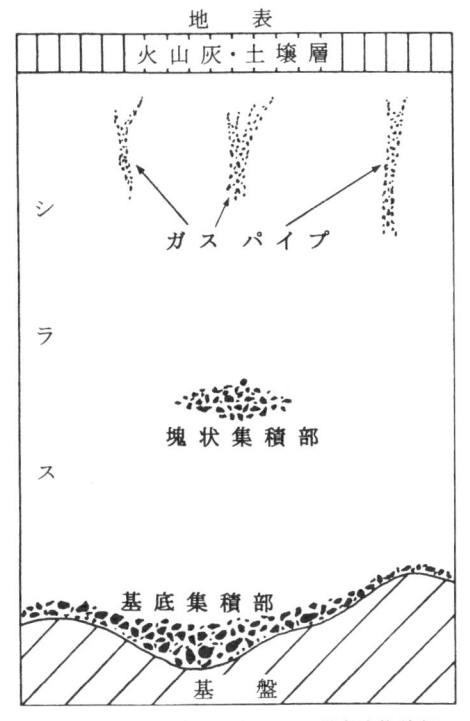

図4 シラスの中にみられる石質岩片集積部

写真6 石質岩片基底集積部（鹿児島市下伊敷町）
下位の白く見える層は妻屋火砕流堆積物.

石塊集積部の中には，径20 cm以上もの大きな軽石塊が密集し，しかもマトリックスを欠くために全体としてきわめて空隙に富むものもある．軽石塊集積部は，火砕流の"流れ"の中で，"軽い"軽石塊が上部に浮き上がって集中したり，先端部に集中したりしたことによるものと考えられる．すなわち，軽石塊集積部は，フローユニットの上部や先端部に相当するものと思われる．

2.4 シラスの色

シラスという言葉は，前述したように，シラスが示す白っぽい色の特徴に由来する．実際に九州南部では，随所で白っぽいシラスの地肌が見出される．しかし，九州南部のシラスのすべてが白っぽいわけではない．実際には，白いというよりはむしろややピンクがかった色のものも多く，とくにシラス層の上部はその傾向が強い．これは，シラスの堆積時に，上部ほど空気との接触によるより強い酸化を受けたことを示すものと思われる．このほかにも，全体的に赤紫色のシラスや暗灰色のシラスが分布する地域もある．赤紫色のシラスは，例えば宮崎市，大隅の末吉町や松山町，薩摩半島南端の枕崎市など，いくつかの地域に分布している．暗灰色のシラスは，例えば霧島火山西方の牧園町万膳付近に見られる．

シラスに含まれる火山ガラスは，顕微鏡で観察すると，通常は，透明なものが主体である．しかし，万膳地区の暗灰色シラスに含まれる火山ガラスは，黒色のものが主体であり，この点で通常のシラスとは顕著な差異を示す．

シラスの色の地域的な広がりの詳細な実体ならびに上述したようなシラスの色の地域的差異が生じた原因については，まだ充分に把握されておらず，今後さらに調査・研究されるべき課題だと言える．

シラスは，風化すると全体として黄色っぽい色彩を示すことが多い．風化したシラスは，シラス層の表層の厚さ数メートルの部分にしばしば見出される．風化したシラスに含まれる軽石塊は，黄色からオレンジ色のものが多い．このような軽石塊は，柔らかく指で容易に押しつぶせるものや，触っただけでも潰れてしまうほどのもののほか，変形して原形を失ったものもある．

2.5 シラスの固さ

　シラスは，さまざまな大きさや外形をもつ粒子の集合体である．シラスの構成粒子は互いに強く密着していないため，粒子間には多くの隙間（間隙ないしは空隙）がある．堆積物の中に占める間隙の割合を示す指標として間隙比や間隙率などがある．シラスの間隙比は，一般に1.0〜1.4，間隙率では50〜58％程度の値を示す．すなわち，通常のシラスは，その半分以上が間隙で占められ，通常の砂（間隙率は一般に50％程度以下）に比べても，間隙の多い堆積物である．

　シラスを構成する粒子は，隣接する粒子同士の接触部でとくに強く結合していない．すなわち，シラスは全体としては固結度のきわめて低い（"軟らかい"）堆積物である．例えば，野外で自然状態のシラスを一辺10 cm程度以上の四角い塊の状態で壊さずに切り出すのは困難で，たとえうまく切り出せても，それを少し手荒く扱うとすぐ壊れてしまう．また，スコップやシャベルでシラスを掘削するのはきわめて容易である．このため，シラスは古くから採掘され，種々の目的に利用されてきた（後述）．また，戦時中には，シラスの崖に防空壕が多数掘られ，現在でも各地に残っている．近年では，シラス地域の各地で進められた宅地化や都市化に際し，パワーシャベルやブルドーザーなどによる大規模な掘削が行われ，地形の顕著な改変が進んだ場所が少なくない．

　九州南部では，高さが数十メートル以上に達するシラスの急斜面（崖）が各地で見られる．すなわち，シラスは，"軟らかい"堆積物であるとはいうものの，自然状態では高さ数十メートル以上もの急崖をつくって自立安定しているという独特の性質がある．一方，シラスの急崖では，豪雨の際によく崖崩れが起きる．シラスのこのような特質は，建設工事や防災工事などを行う上からはとくに留意すべき基本的な事項であり，工学分野などでは古くから注目され，シラスの"固さ"や強度などの土質力学的性質が研究され，その特異な性質を示す理由が議論されてきた．

　シラスや土壌のように，とくに強く固結していない粒子の集合体からなる物質や岩石などの"固さ"(固結度，硬度)ないしは強度などといった物理的・力学的な性質は，長さや重さ，時間などとは違って一義的な尺度があるわけではなく，圧縮強度，引っ張り強度，せん断強度，N値（標準貫入試験値），弾性波

速度など，さまざまな指標でとらえられている．これらの性質を正確に知るためには，それぞれ特定の計測器や技術を必要とする．また，シラスの場合，計測のための試料（供試体）の採取そのものすら容易ではなく，技術的な問題も伴う．このため，上述したような物理的・力学的な性質の計測は，誰にでも手軽にできるわけではない．

ここでは，誰でもが手軽に使え，シラスの"固さ"を野外で容易に求められる計測器"山中式土壌硬度計"と，それによるシラスの固さについて述べる．

山中式土壌硬度計は，金属円錐体（基底径18 mm，高さ40 mm）を土壌中に突き刺す際に土壌が示す抵抗をバネの縮む量で"硬度"としてとらえる計測器であり，計測の操作は簡単である．計測値はバネの収縮量（mm）で示し，これが大きいほどより"固い"ことを示す．

山中式土壌硬度計を用いて，九州南部各地のシラスの露頭において計測した結果によれば，シラスの硬度（バネの収縮量：mm）は，水平・垂直方向における系統的な変化をとくに示さず，おおよそ20～30程度の値でバラツキ，平均値は25程度である．ちなみに，水田の土（稲の収穫後）の硬度は10～20程度，発泡スチロールの硬度は約19である．

上述した値は，野外における肉眼観察でとくに湿潤ないしは乾燥状態ではない"通常"(後述する自然含水比状態)の未風化のシラスが示す硬度である．実際のシラスには，風化の進んだものや，後述する溶結作用が起きる寸前の条件下で堆積したと思われるもの（例えば溶結部に近接するシラス）などがあり，これらのシラスは硬度が異なる．すなわち，風化したシラスは一般に，より"軟らか"く，また，溶結作用が起きる寸前のシラスは強く締まっているため，一般により"固い"．さらに，本書で対象とするシラス（入戸火砕流堆積物）以外のシラスまで含めれば，さらにさまざまな硬度のシラスが存在することになる．例えば国分付近の妻屋火砕流堆積物の硬度は29程度，薩摩半島南端の池田湖周辺に分布する池田火砕流堆積物は約30である．従来，土質力学や土木工学などの分野では，これらのさまざまなシラスを含む広い意味でのシラスの硬度計測結果に基づいて，それらのシラスを固さで分類する試みなども行われてきた．

シラスの強度は，水が加わると著しく低下する性質がある．シラスの含水比（シラス中の水分の重さと水分以外のシラス物質の重さとの比率（％））は，通常（すなわち自然含水比）は20％内外であるが，これが30％程度以上になる

と，その強度は急激に低下すると言われている（河原田, 1957）．このため，シラスの急崖では，集中豪雨などの際に崖崩れがしばしば発生する．また，露出したシラス上で流水があれば，シラスはたちまち侵食を受け，急速に削り込まれていく（後述のガリー侵食）．すなわち，シラスは，畑の軟らかい土や砂場の砂山が水で容易に削られるように，流水に対してはきわめて侵食されやすい性質がある．

　シラスが示す"固さ"や強度については，シラスを構成する粒子のかみ合い構造（インターロッキング，interlocking）が関与していると考えられている（例えば山内ほか, 1974）．また，シラスの粒子間に水に溶けやすい塩類が存在し，これが粒子を結合させているという（化学結合を想定する）考えもあるが（山下，1953），必ずしも十分に解明されているわけではないようである．

第3章　シラスの分布

　シラスの分布は，シラスの地形や地質上の特徴を知り，シラスを生じた火砕流の性質やシラスと人間生活とのかかわりなどを考える上でも，最も基本的かつ不可欠な情報である．シラスは，自然条件下で絶えず侵食を受けているのみならず，人間活動によっても掘削・除去されている．したがって，シラスの分布状況は時間とともに変化しており，分布にはさまざまな時間断面のものが考えられる．本章ではまず，現在のシラスの分布状況を示し，次いで，シラスの基盤地形との関係からみた分布特性について述べる．

3.1　シラスの現在の分布

　九州南部に分布しているシラスの現在の分布については，従来，種々の分布図が示されてきた．これらは，大まかにはともかくとして，いずれも不完全ないしは不正確であったと言える．例えば私自身も，いまから約30年前，当時の可能な限りのデータに基づいて分布図を作成した．それによれば，シラスの分布地は，鹿児島県本土の全域を含み，北方へは熊本県の人吉盆地まで，北東方へは宮崎市付近にまで及んでおり，全体としては，姶良カルデラの中心から半径約70 kmの範囲内であった．ところがその後，とくに人吉盆地より北方の九州山地内をはじめとする70 km圏よりも遠方の地域に，シラスがかなり分布していることがわかってきた．これまでにわかっている最遠方のシラスの分布地は，姶良カルデラから北方へ約90 km離れた，九州山地内の熊本県五木村（球磨川支流の川辺川の流域内）にある．すなわち，シラスの分布範囲に関する認識は，30年前からすると約20 km遠方の地域にまで広がったということになる．

　図5は，これまでの全調査の結果をふまえて示したシラス（入戸火砕流堆積物）の全分布図である．実は，私はこの分布図に示す分布域のさらに外側の地

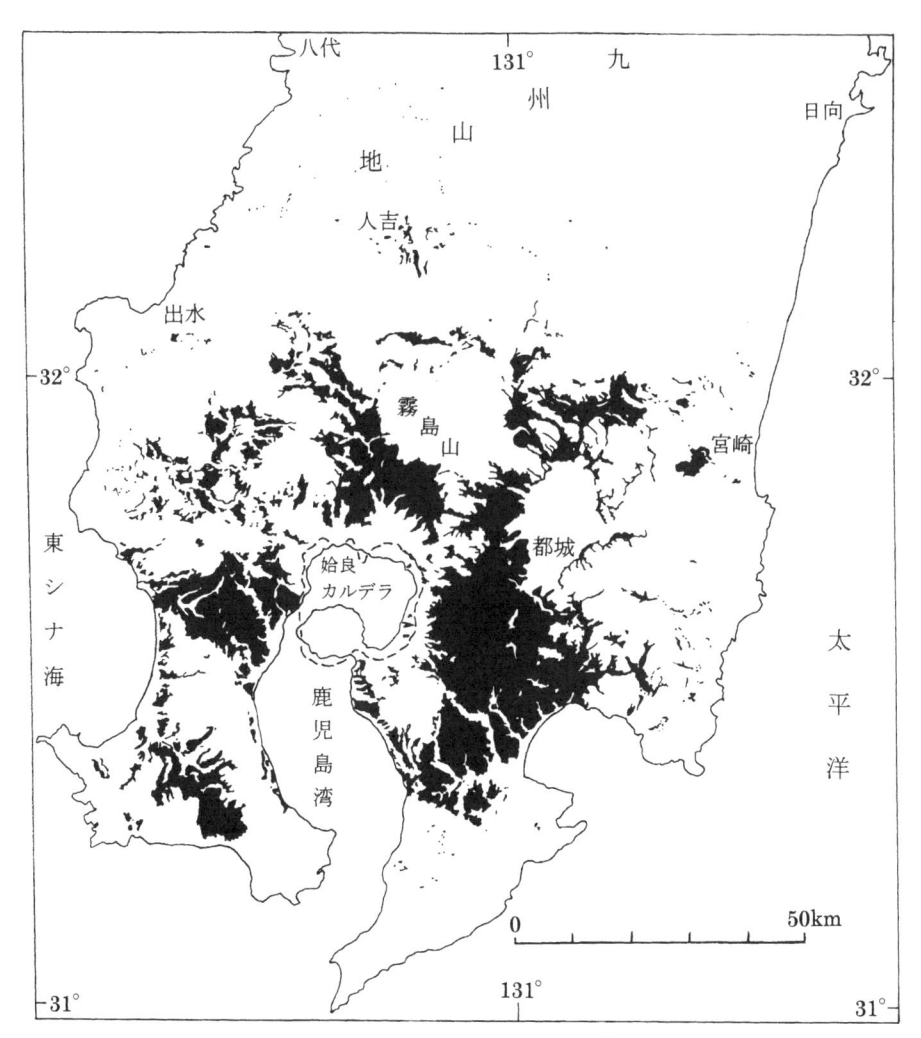

図5　シラスの分布（横山，2000による）

域，すなわち九州山地，熊本県の天草上島や下島，鹿児島県北西端の長島，さらには種子島や屋久島などでも調査をしてみたが，シラスを見出していない．したがって，今後仮にシラスが見つかることがあるとしも，この分布図を著しく修正しなくてはならないほど，シラスの分布域が広がることはないものと考えている．

　図5を見ると，シラスは，鹿児島県本土のほぼ全域のみならず，宮崎県の中・南部，熊本県の南部を含むきわめて広範囲に分布し，その分布地は，姶良

カルデラから約90 km離れた地域にまで及んでいる．しかし，分布状況に注目すると，鹿児島県内の鹿児島湾周辺地域ではかなりまとまって広く分布しているのに対して，姶良カルデラから隔たった宮崎県や熊本県内の各地，とくに熊本県内の地域では，きわめて局所的な分布地が散在していることがわかる．

3.2 基盤地形との関係でみたシラスの分布

図5は，シラスの平面的な分布図であるので，上述したように，広域に分布しているとか，ある地域にまとまって分布しているとか，断片的に分布しているなどというような，シラスの平面的な分布の特徴はこの図から読みとれる．しかし，シラスがある地域にまとまって分布している理由や，シラスの分布地域の地形的特徴，さらには，シラスが分布していない場所の地形的特徴などについては，この図からはわからない．

シラスが火砕流として広がって堆積したのなら，その堆積した当時，九州南部にどのような地形が存在していたのかという問題，すなわちシラスの基盤地形の起伏状況の特徴はきわめて重要である．シラスの分布域の広大さを考えれば，シラスが堆積した当時の九州南部の土地は，単純な平坦地ではなかったことは容易に推察できよう．

シラスの基盤地形は，現在の地形からシラスとシラスの堆積以降に生じた火山をはじめとする新しい地形を取り除いたものと考えてよい．九州南部には，現在，霧島山，桜島，開聞岳などの火山があるほか，九州山地をはじめ，国見山地，出水山地，鰐塚山地，高隈山地，肝属山地など，各地に標高1,000 m以上に及ぶ山地があり，全体として起伏に富む．これらのうち，霧島山の主要山体（韓国岳，新燃岳，高千穂峰，御鉢など）や桜島，開聞岳などは，シラスの堆積よりも後に形成された新しい火山である．一方，これらの火山以外の山地は，いずれもシラスよりはるかに古い地質時代の岩石で構成され，シラスの堆積以前から存在していた古い山地である．すなわち，シラスの堆積以前（約2万5千年前頃）の九州南部には，現在見るような火山の姿はなかったものの，それ以外の山地の地形（起伏）は，現在とほとんど変わらない姿で存在していたのである．

図6は，シラスの基盤地形の大勢を等高線で示した基盤地形図である．大勢というのは，この図が20万分の1地勢図上で幅1 kmの谷を埋積して作成した

第3章 シラスの分布 23

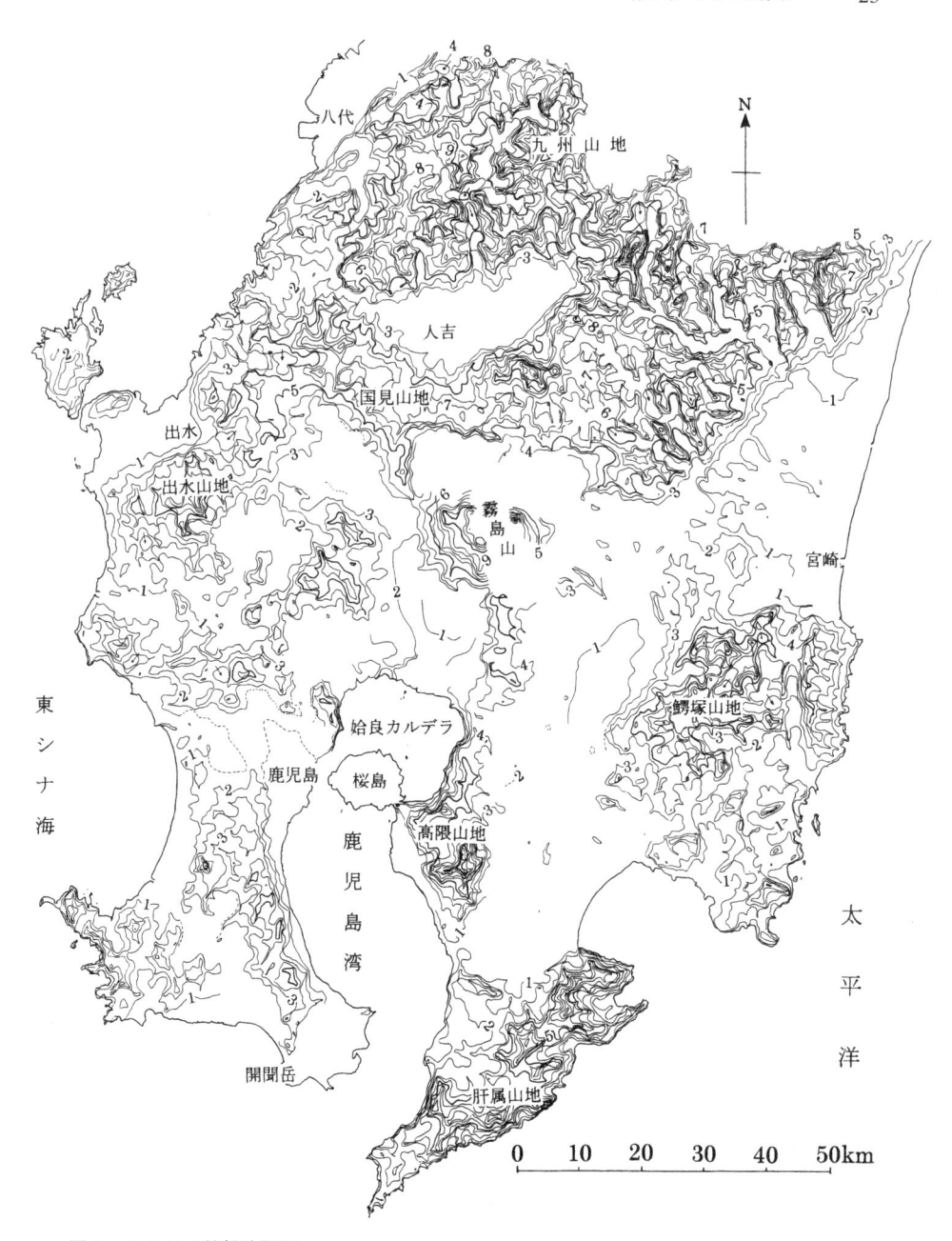

図6 シラスの基盤地形図
20万分の1地勢図上で幅1kmの谷を埋積して作成した埋積接峰面図．等高線間隔は100m．

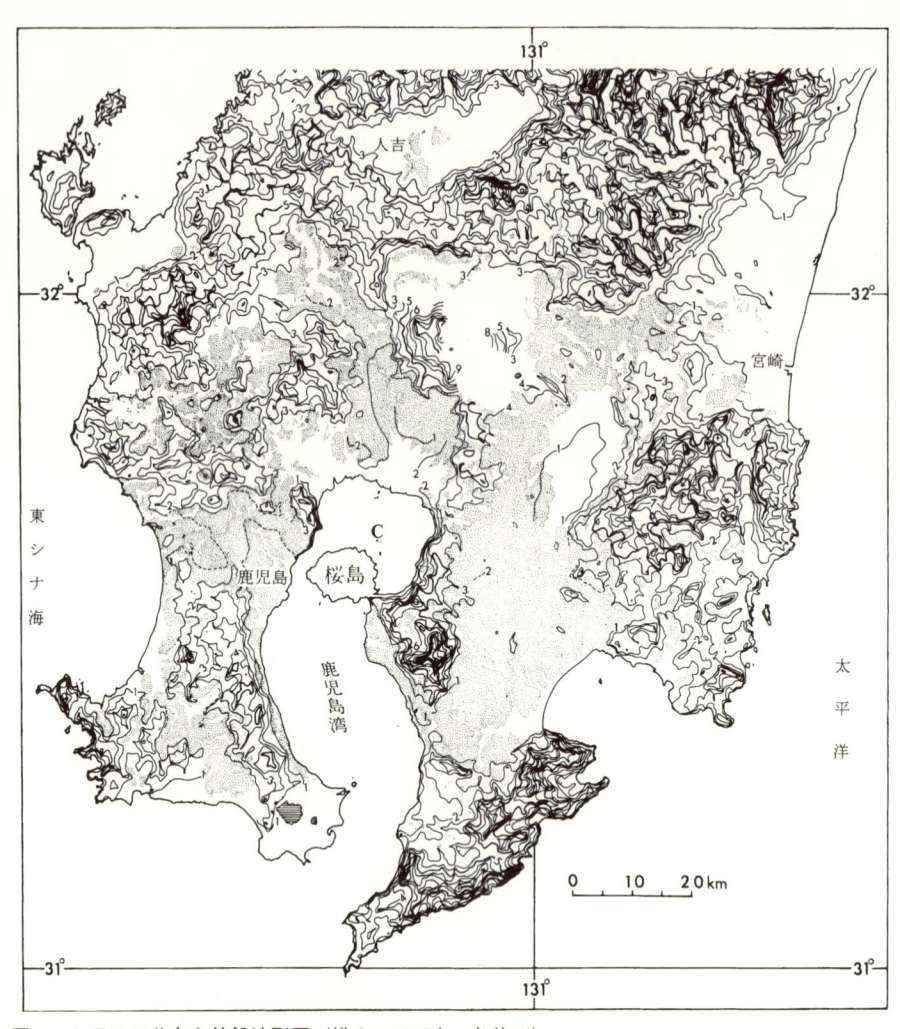

図 7 シラスの分布と基盤地形図（横山，1972を一部修正）
打点部はシラスの分布地．基盤の地形（等高線図）は，20万分の1地勢図上で幅1kmの谷を埋積して作成した埋積接峰面図．等高線間隔は100 m．Cは姶良カルデラの中心．

100 mごとの等高線で示した接峰面図であり，したがって，例えば20 mごとの等高線で示される5万分の1地形図ほどの精度のものではないという程度の意味である．この図からも明らかなように，シラスが広がって堆積した地域には，高さが1,000 m以上にも及ぶ高い山や深い谷，盆地などが各地に分布し，全体としてきわめて起伏に富む複雑な地形が存在していたのである．また，後述するように，シラスが堆積した2万5千年前頃は，海面がいまよりは100 mくらいも低かったと考えられるので，現在の海岸線よりもはるか沖合まで陸地が広がっていたことも考えておく必要がある．

　図7は，シラスがまとまって分布している人吉盆地以南の九州南部におけるシラスの分布と基盤地形図とを重ねて示したものである．この図によると，単なる平面的分布図からは得られないシラスの分布のきわめて重要な特徴がわかる．すなわち，図を見てすぐに気づくことは，そしてそれが重要なことであるが，シラスの分布域と山地の分布に，互いに"住み分け"が認められることである．換言すると，シラスは山地を避けて低地部にまとまって分布している傾向が強く，また，山地部では谷底部に限られて分布しているという特徴が顕著である．すなわち，シラスは全体としてみれば，基盤地形の低所に分布しているという特徴を指摘できる．このことは，シラスが全域で連続的な分布を示さず，地域ごとに分断されて断続的な分布を示すということを意味する．例えば高い山地で隔てられた両側の低地におけるシラスは，山地を挟んで互いに分離して分布し，また，盆地内のシラスは，盆地外の流域に分布するシラスとは隔絶して，孤立した分布を示す．このようなシラスの分布の特徴は，シラス（入戸火砕流堆積物）の堆積状態と基盤地形との関係を示す断面図（図8）にもよく表れている．

　基盤地形の低所に分布しているというこのシラスの特徴は，シラスが火砕流堆積物であるということを反映したものであり，分布上の最も基本的かつ重要な特徴である．私は，この分布様式を，シラスの"里型分布"と呼んでいる．里型分布は，シラスの場合に限らず，ほかの火砕流堆積物の分布についても共通して認められる一般的な特徴である．一般に低地は，人間生活の中心地であり，この意味で火砕流堆積物の里型分布は，火砕流堆積物と人間生活との深いかかわりを生み出す背景となる．この両者の関係については，後章で改めて述べる．

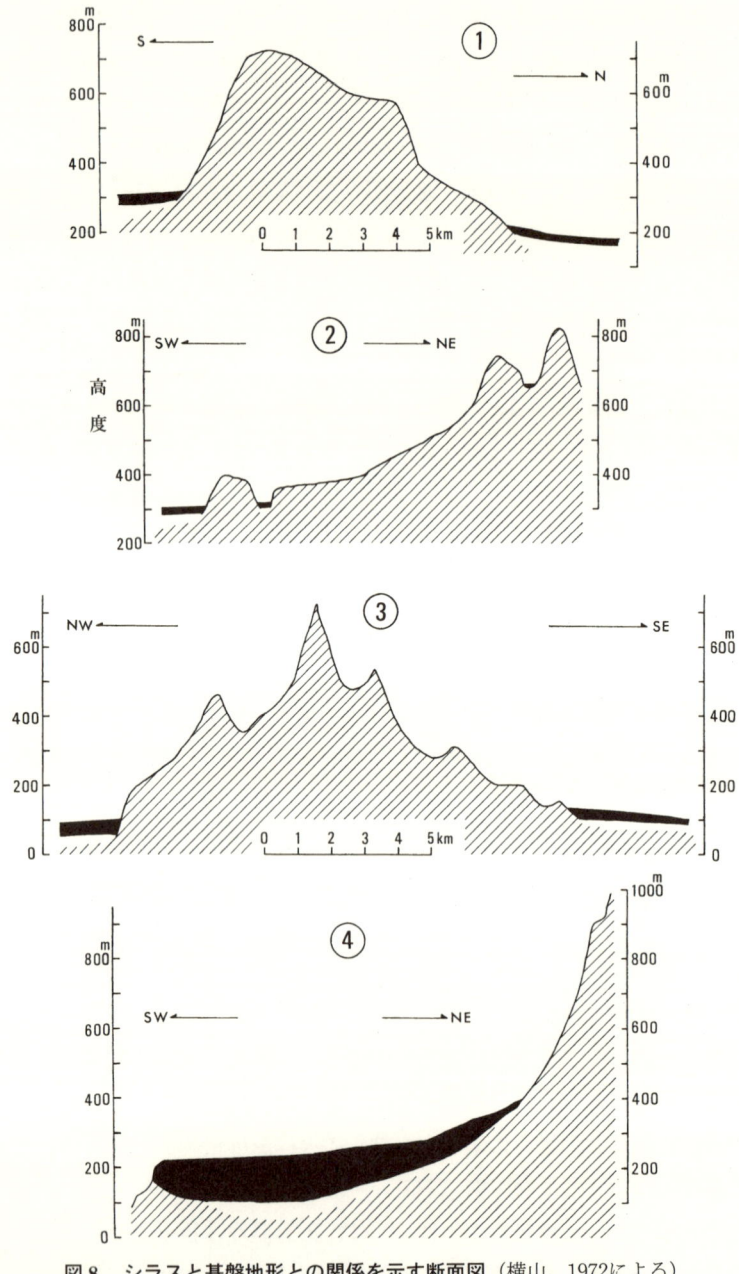

図8　シラスと基盤地形との関係を示す断面図（横山，1972による）

第3章 シラスの分布　27

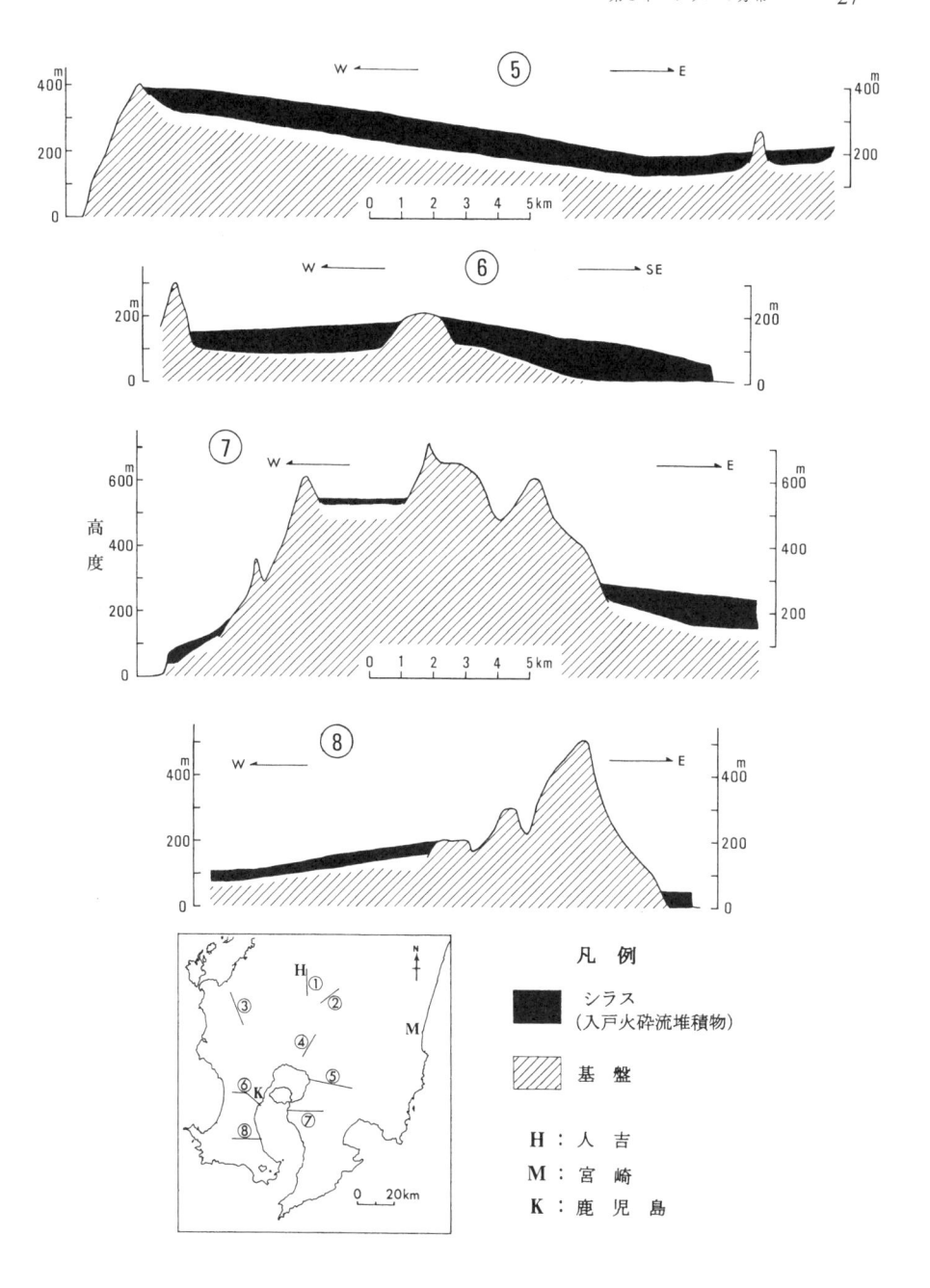

凡　例

■ シラス
（入戸火砕流堆積物）

▨ 基　盤

H：人　吉
M：宮　崎
K：鹿児島

第4章　シラスの性状の地域的変化

　シラスは，姶良カルデラを中心として半径約90 kmにも及ぶきわめて広い範囲に分布している．したがって，一口にシラスといっても，実は，シラスのさまざまな特徴は場所によって多様に変化する．例えばシラスの色は，前述したように（第2章），全域で白色を示すとは限らず，赤紫色や灰黒色を呈する場所もある．また，シラスの厚さは，基盤地形の複雑な起伏を反映して場所による変化が著しい．本章では，シラスにみられるいくつかの性状の地域的な変化について述べる．

　シラスの性状の地域的な変化を把握するにあたって，再度言及しておきたい最も基本的なことは，シラスが姶良カルデラを噴出源とする火砕流堆積物であるということである．シラスを"火山灰"と表現し，しかもその噴出源を桜島火山と考えている人が少なくないが，先述したように，シラスは"火山灰"と表現すべきではないし，また，桜島はシラスの噴出後に生成した火山であり，シラスが堆積した当時には桜島はまだ存在していなかったのである．

4.1　シラスの分布高度

　シラスの分布高度は，分布の広がりと同様，分布の特徴をとらえる際の最も基本的かつ重要な要素である．厚さが最大約150 mにも及ぶシラスの分布高度を，どのようにしてとらえるのかという問題については，いくつかの方法が考えられるが，ここでは，シラスの上面高度を分布高度と考えてみる．図9は，九州南部各地におけるシラスの分布高度（上面高度）を示す．この図によれば，九州南部全域におけるシラスの分布高度は，海抜数十メートル以下から1,200 m以上にまで及び，場所の違いによるきわめて大きな高度変化が認められる．

第4章 シラスの性状の地域的変化　29

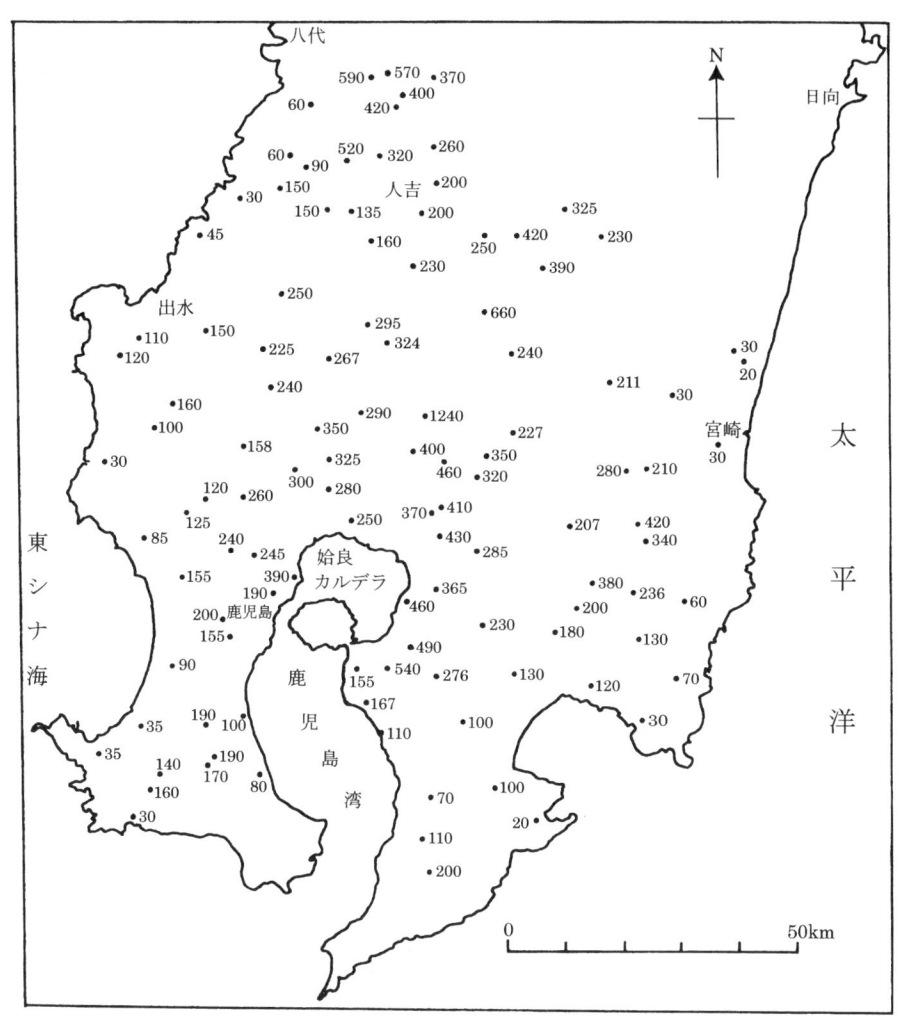

図9 シラスの分布高度（単位はm）（横山，1972をもとに，その後のデータを追加）

シラスが，姶良カルデラを噴出源とする火砕流堆積物であるならば，その分布高度は，全体的には姶良カルデラから遠ざかるほどしだいに低くなるのが自然であるように思われる．しかし，実際のシラスの分布高度は，そのような変化傾向を示さないばかりか，逆に，姶良カルデラからの距離の増大とともにシラスの分布高度が高くなる地域さえ存在する．例えば姶良カルデラ北方の国分市地域はその好例であり（図2および図8の④断面），また，熊本県の川辺川沿い（九州山地の河谷底）に分布するシラスの分布高度も，姶良カルデラから

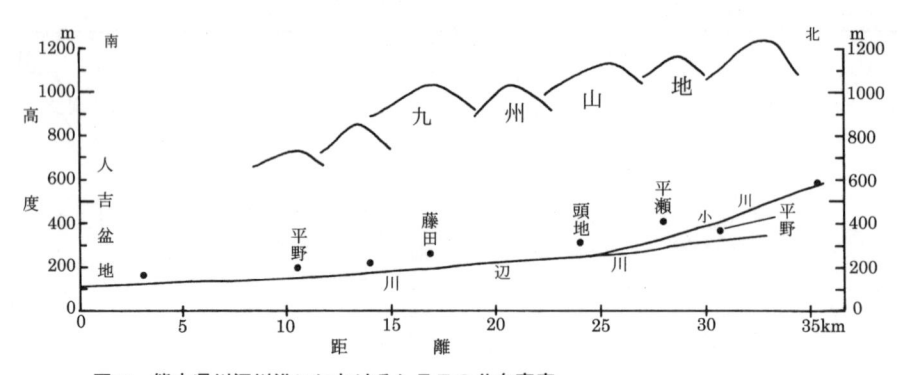

図10 熊本県川辺川沿いにおけるシラスの分布高度
　　　黒丸はシラスの分布地点．距離（横軸）の起点は川辺川と球磨川の合流点．

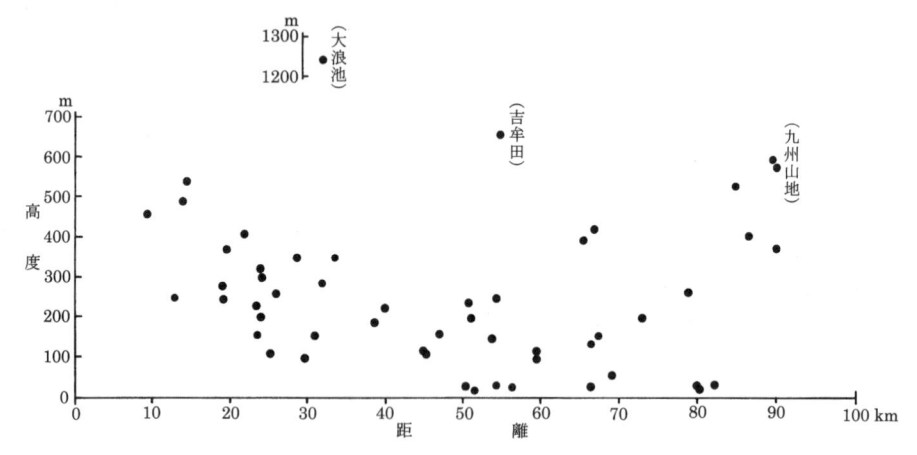

図11 シラスの分布高度と姶良カルデラからの距離との関係（横山，1972をもとに，その後のデータを追加）
　　　距離は姶良カルデラの中心（図7のC点）と各地点との間の直線距離．

の距離の増大とともに顕著に高くなっている（図10）．すなわち，シラスの分布高度は，姶良カルデラから遠ざかるにつれてしだいに低くなるといった傾向を示さず，噴出源からの距離との関係でみると，全体としてきわめて不規則な高度変化を示す（図11）．

　シラスに認められるこのような不規則な高度変化が生じた理由を考えるために，各地のシラスの分布高度（上面高度）とそれぞれの地点における基盤地形の高度との関係を示したものが図12である．この図からは，二つのことが指摘できる．その一つは，分布高度の低いものすなわち低い場所にあるシラスは厚く，逆に，高い場所のシラスは薄い傾向があることである．もう一つは，シラ

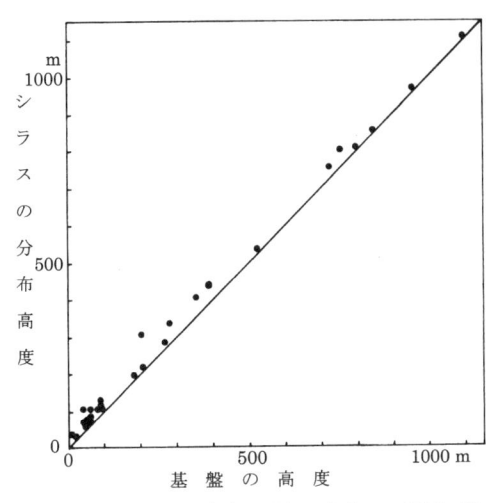

図12 シラスの分布高度と基盤の高度との関係（横山，1972をもとに，その後のデータを追加）

スの分布高度は，基盤地形の高度と強い相関関係があるということである．すなわち，シラスの分布高度は，全体としては基盤地形の高度に対応している．このことから，シラスの分布高度が九州南部各地で大きな変化を示す理由は，シラスの基盤地形の高度が地域ごとに大きく変化していることを反映したものと言える．

4.2 軽石塊および石質岩片の粒径

シラスが，始良カルデラを噴出源として周囲へ広がって堆積した堆積物ならば，シラスに含まれる軽石塊や石質岩片の大きさ（粒径）は，噴出源の始良カルデラ近傍では大きく，より遠方の場所では小さいだろうということは容易に予想できる．これを確かめるためには，種々の方法が考えられる．例えば，最も簡便でかつ大勢を把握する上でも有効と思われる一つの方法は，各地のシラスの露頭で見られる軽石塊や石質岩片のうち，最大のもの1個だけに注目してその大きさを測ってみることである．この方法は，簡便ではあるものの，最大岩片の選定に際し，各々の場所で選定される"最大岩片"が，露頭の大きさや新鮮さなどの露頭条件の偶然性に左右されることが考えられるため，計測値の代表性に疑問が残る．次に，ある量のシラスを各地で採取し，その全部を粒度

分析して，各地のシラスの粒度組成を調べてみるのも一つの方法である．ただ，この方法は，分析作業に多大の時間と労力を必要とする．実は図3には，始良カルデラに比較的近い場所（下段）と始良カルデラから遠く離れた場所（上段）に分布するシラスの粒度分析結果が示されている．この図によれば，噴出源に近い場所のシラスには礫サイズの粗粒成分が含まれているのに対して，噴出源から遠方の場所にあるシラスは粗粒成分を含まないか含んでいてもごく少量にすぎず，全体として距離の増大に伴う粗粒成分の減少があることが読みとれる．

　上述した二つの方法のいわば中間的なものと考えられるのが，各地のシラスの露頭の均質部（前述）内で1m四方の区画を適宜決め，その中に含まれている軽石塊および石質岩片のうち最大のものからそれぞれ10個を選び出し，その大きさ（長径）を測る方法である．図13は，その計測結果を示したものである．また，図14は，この計測結果と始良カルデラ（の中心：図7のC点）からの距離との関係を示したものである．この図から，軽石塊も石質岩片も，全体としては始良カルデラから遠ざかるにつれて，しだいに小さくなっていることがわかる．

　このような距離の変化に伴う粒径の変化傾向は，シラスが始良カルデラを噴出源とする堆積物であると考える重要な根拠となる．なお，このような噴出源からの距離の増大に伴う粒径の減少傾向は，シラスの場合に限らず，例えば箱根火山周辺や十和田湖周辺に分布する火砕流堆積物などをはじめ，ほかのいくつかの火砕流堆積物についても認められており，火砕流堆積物に一般的に見られる傾向と考えてよい．

　図14によれば，軽石塊および石質岩片の粒径については，上述した全体的な変化傾向のほかにも，まだいくつかの特徴を指摘できる．例えば軽石塊の粒径は，噴出源からの距離の増大とともにもっぱら減少しているわけではなく，噴出源からは少し離れた20～30km付近で最大値を示し，そこまでは逆に増大する傾向を示している．また，軽石塊の粒径は，ほとんどの場所で石質岩片の粒径よりも大きい．しかし，70kmよりも遠方の地域では，軽石塊の粒径は距離の増大とともにほぼ単調に減少しているのに対して，石質岩片のほうは逆に増大し，しかも軽石塊よりも大きな値を示す場合が多い．このうち，軽石塊が石質岩片より大きい値を示す2例（距離80km付近のもの）は，ともに宮崎平野のものであり，これらの平野部のシラスに含まれる石質岩片は，当初から火砕

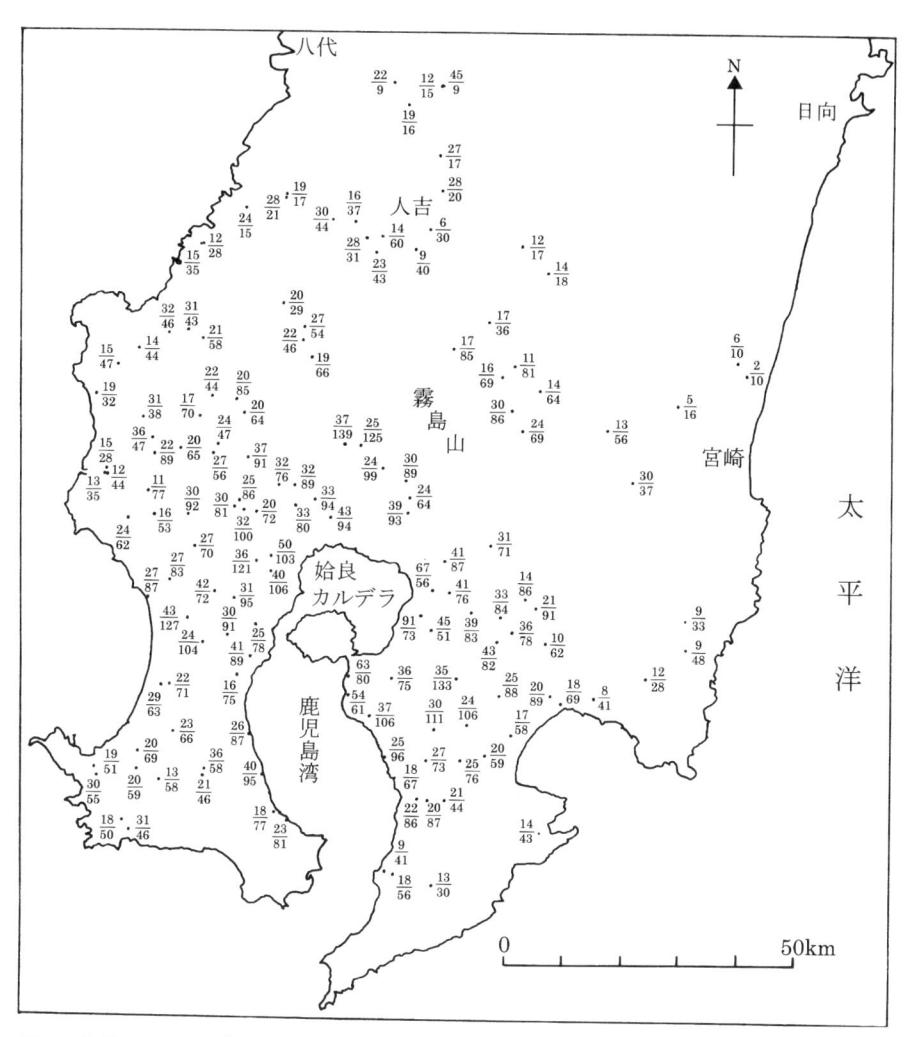

図13 各地のシラスに含まれる軽石塊と石質岩片の粒径（横山，1972をもとに，その後のデータを追加）
粒径は，各地の露頭面の1m四方内に含まれる軽石塊と石質岩片の最大のものそれぞれ10個の長径の平均値：分母は軽石塊，分子は石質岩片（単位はmm）．

流の中に含まれていた安山岩などが主体である．一方，石質岩片のほうが軽石塊よりも大きい値を示す地点は，いずれも起伏に富む山岳地域（九州山地）を流れる川辺川の河谷沿いにある．これらの地点におけるシラスには，安山岩のほかに砂岩・頁岩・チャートなどの石質岩片が含まれている．このうちとくに砂岩・頁岩・チャートなどの岩片は，安山岩片よりもはるかに大きいものが多

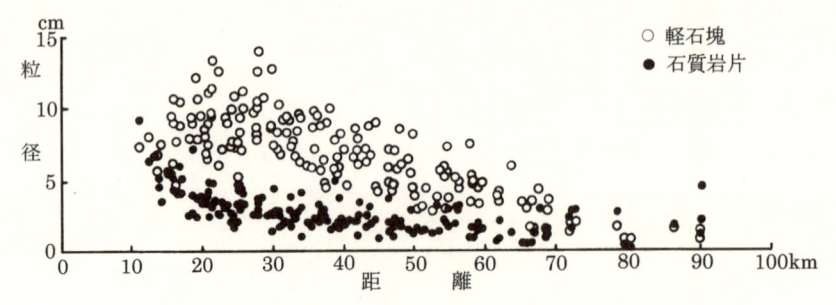

図14 軽石塊および石質岩片の粒径と姶良カルデラからの距離との関係
(横山，1972をもとに，その後のデータを追加)

く（前者は5〜10 cmの大きさのものが少なくないのに対して，後者は一般に1 cm以下），また，近辺の基盤の岩石種と同一であることから，流走中の火砕流の中に地表から取り込まれた岩片であることが明らかである．シラスの中に含まれるこのような"取り込み岩片"は，シラスを生じた火砕流が，山岳地域における複雑な起伏の影響を受けて，激しく擾乱しつつ流走したことを示すものと思われる．

4.3 溶結作用と溶結部

　火砕流は，もともと"高温の本質物質の破片とガスの混合体の流れ"であり，その運動（"流動"）の停止すなわち堆積後，堆積物は全体として冷却を続け，最終的には常温になる．この冷却過程の初期段階において，火砕流堆積物は，これまで述べてきたシラスにみられるような層相や物性などの諸特徴とはまったく異なる特性をもつ岩石に"変身"することがある．この岩石への変身を引き起こすのが溶結作用である．本節では，まず溶結作用にまつわる一般的な問題について考え，次いで，シラスと溶結作用との関係について論述する．

4.3.1 火砕流の温度と冷却過程

　火砕流がある場所に堆積した時，堆積物の温度がどのくらいであるかは，種々な要因で規定される．まず考えられるのは，火砕流が生じた時点における温度の高低である．すなわち，火砕流には，もともとその発生の時点で1,000℃以上にも及ぶ高温のものもあれば，数百℃程度の"低温"のものもある．仮に，発生時に高温の火砕流でも，長距離を流走すれば，流走中に温度は下がる

であろう．一方，発生時に低温の火砕流でも，あまり流走しなければ，温度はそれほど下がらない状態で堆積することもあると思われる．また，厚い堆積物の場合には，全体が冷却するのに時間がかかるであろうし，堆積物が薄ければ，全体が短時間で急速に冷却すると思われる．このほか，火砕流が堆積する場所の状況も，例えば乾いた土地か湿った土地の上であるとか，川や湖，場合によっては海の中であるとか，さまざまな場合があり得る．これら多くの要因で，火砕流の堆積時の温度ならびにその後の冷却過程は，一つの火砕流堆積物の場合でも場所ごとに多様に変化すると考えられる．

4.3.2 溶結作用

　火砕流堆積物が，定着（堆積）後においても"高温"で，軽石や火山ガラスなどの本質物質が溶融状態を保持しておれば，それらの粒子は互いに結合する．これが溶結作用（welding）である．溶結作用は，溶融した本質物質が関与する現象であるので，溶結作用が起こる（溶結する）ためには，ある一定温度以上の高温条件が満たされることが最も重要な要因である．しかし，溶結作用は単に温度条件だけに依存しているわけではない．温度条件のほかにも，本質物質の化学組成，水分量，揮発性物質の量や組成，圧力，冷却速度などのいくつかの要因が互いに影響を及ぼすことが知られている．実験結果によれば，溶結するための最低の温度はおおよそ600℃である．したがって，堆積時に500℃程度以下の"低温"の火砕流堆積物では，溶結作用は起こらないと考えてよい．溶結していない状態を非溶結という．

4.3.3 溶結凝灰岩

　溶結した堆積物が冷えて固まれば灰色〜灰黒色の固い岩石となり，これを溶結凝灰岩（welded tuff）と呼ぶ．固い岩石といっても，実際の溶結凝灰岩の固さはさまざまである．すなわち，ハンマーで強くたたいても簡単には割れないような固いものから，容易に割れるような"軟らかい"ものまである．このような固さの違いは，溶結作用の程度の差異を示すものである．すなわち，溶結程度の高い溶結凝灰岩と低い溶結凝灰岩とでは，固さが異なる．溶結凝灰岩の固さは，その緻密さすなわち構成物の詰まり具合で決まると考えてよい．緻密さは密度としてとらえられるので，溶結程度の大小は，溶結凝灰岩の密度の大小でとらえることができる．この溶結程度の大小は，"強溶結"とか"弱溶結"

などの言葉で表現される．両者は，必ずしも厳密な定義に基づいて使い分けられているわけではない．後述するように，密度が2.0 g/cm³程度以上の溶結凝灰岩は，きわめて緻密で固く，"強溶結"と呼んでよい．

溶結凝灰岩は，かつては"灰石（はいいし）"とか"泥熔岩（でいようがん）"などと呼ばれ，阿蘇火砕流堆積物の溶結凝灰岩は，"阿蘇熔岩"と呼ばれていたことがある．これは，溶結凝灰岩が，灰や泥が固結した岩石ないしは溶岩のような外見を示すことによる．

溶結凝灰岩には，肉眼的に認められるいくつかの顕著な特徴がある．まず，遠望しても容易に認められる特徴は，柱状節理（ちゅうじょうせつり）（columnar joint）である（口絵G）．柱状節理は，溶結凝灰岩や溶岩流などの火山岩体によく見られ，岩体に鉛直方向の規則的な割れ目（節理，joint）が顕著に発達し，あたかも柱を立てて並べたような外観を呈することからつけられた名前である．柱状節理は，溶結凝灰岩が生成して次第に冷却していく際に，岩体が収縮するために形成されたもので，これを冷却節理（cooling joint）と呼ぶ．柱状節理は，冷却面すなわち火砕流堆積物の上面と底面にほぼ直交するように冷却節理が生じることを示している．柱状節理の面すなわち"柱"の側面は，通常は緩やかに湾曲した平滑面であることが多いが，ほぼ鉛直な平滑面であることもある．溶結凝灰岩は，柱状節理の特徴的な外見から，遠望してもそれとわかることが少なくない．柱状節理を構成する各々の"柱"は，三～六角形の多角柱であり，柱の直

写真7　**溶結凝灰岩の柱状節理がつくる亀甲模様**（大分県竹田市飛田）
　　　　稲葉川の河床（阿蘇火砕流堆積物）．

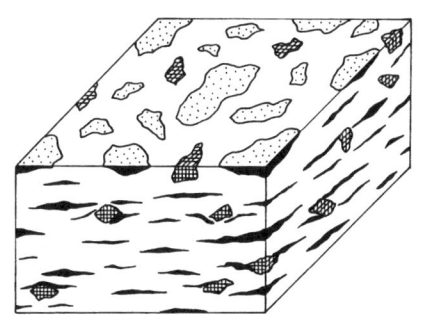

図15　溶結凝灰岩の組織（模式図）
黒色部は本質物質（軽石または黒曜石）の鉛直断面（レンズ），砂目部は本質物質の水平断面，格子模様は石質岩片．

径は，通常は数十センチメートルから2m程度である．このような多角形の形状（いわゆる亀甲模様）は，溶結凝灰岩が河川で侵食されて生じた平滑な河床（後述）でよく観察できる（写真7）．

　溶結凝灰岩を接近して観察すると，固結した火山灰でおもに構成される基質の中に含まれる軽石や黒曜岩（黒曜石）が目につく．これらは，横から（水平方向に）見ると，その輪郭が水平に置いた凸レンズの断面を横から見た外形に似ていることから，軽石レンズとか黒曜石（岩）レンズなどと呼ぶ．このレンズが多数集まってできる縞状の模様をユータキシティック（eutaxitic）構造と呼び，これは溶結凝灰岩にしばしば認められる特徴的な構造である（図15）．これらのレンズは，もともと不定形の軽石塊や黒曜岩が上から押しつぶされたものの鉛直断面を横から見たものであるので，上から見るとその輪郭は不定形である．これはちょうど，饅頭を上から押しつぶして煎餅みたいにしたものを，上からと横から見た場合に相当する．また，ユータキシティック構造は，干しブドウを含む食パンを押し潰したとき，潰れたブドウが示す特徴とよく似ている．

4.3.4　溶結部と非溶結部

　溶結作用は，一般には，火砕流がより高温で堆積した場合ほど，より強く起こると考えられる．しかし，"高温"の堆積物の場合でも，通常はその堆積物のすべてが溶結するわけではない．

　一般に，ある場所に堆積した火砕流堆積物からは，周囲へ熱が放出され，堆

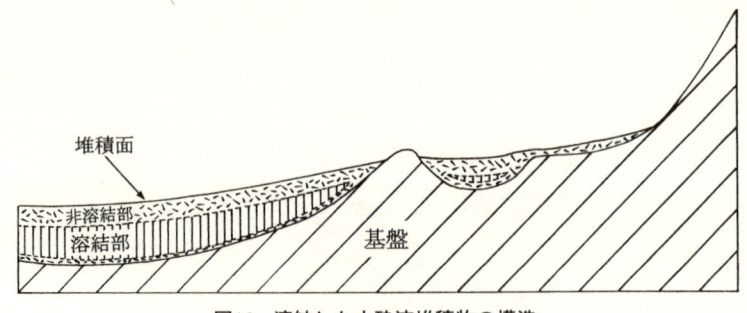

図16 溶結した火砕流堆積物の構造

積物は全体として冷却していく．放熱は，おもに堆積物の上面から大気中へ行われので，堆積物は上部から急速に冷却していく．一方，堆積物の最下部も，もともと常温であった旧地表（いまでは，火砕流堆積物の基盤）のほうに熱を奪われるので，多少の冷却が進む．したがって，堆積物の中部から下部にかけての部分（中下部）は，冷却が最も遅れる部分となる．すなわち，一つの堆積物の中では，その中下部で溶結作用が起こりやすいのに対して，上部および最下部では溶結作用が起こりにくい．したがって，溶結作用が起きた堆積物でも，その中下部のみで溶結しており，上部と最下部では非溶結の場合が一般的である．溶結した部分を溶結部と呼び，溶結していない部分を非溶結部と呼ぶ．すなわち，溶結部を伴う一つの火砕流堆積物は，一般に，最上部に非溶結部，中下部に溶結部，最下部に非溶結部が発達した"三層構造"をなす（図16）．

　非溶結部は，火砕流の堆積時における状況をそのまま保持している堆積物であるのに対して，溶結部は固結した岩石である．したがって，非溶結部と溶結部は，もともと同時に堆積した同一の堆積物であるにもかかわらず，外観や物性が顕著に異なる．このため，同一の火砕流堆積物の非溶結部と溶結部の場合でも，互いに別物であるような感じを受けることがある．溶結部と非溶結部のこのような関係は，例えば氷河は積雪が変身して生じたものであるが，氷河と積雪は外観や物性が互いに大きく異なるのと似ている．

　溶結部とその上下の非溶結部は，互いに漸移し，画然とした境界を設定し難いことが多い．溶結部と非溶結部および両者間の漸移部の厚さは，各々の火砕流堆積物ごとに多様であり，また，一つの堆積物でも場所によって多様に変化する．

4.4 シラス地域における溶結作用とその影響

4.4.1 シラス地域における溶結部の発達状況

　上述したことからも明らかなように，本書でこれまでに述べてきたシラスは，非溶結の火砕流堆積物である．一方，本書ではこれまで，シラスという言葉を入戸火砕流堆積物という意味で用いてきた．ところが，実は入戸火砕流堆積物には，いくつかの地域で溶結部が認められる．溶結部は，シラスとは外観や物性を異にする岩石であるため，シラスとはもちろん区別されるべきものである．したがって，シラスという言葉を入戸火砕流堆積物という意味で用いるのは，本来ならば正しくない．しかし，シラスという言葉は利便性があり，また，入戸火砕流堆積物全体を見ても，非溶結部すなわちシラスの占める割合が溶結部に比べてはるかに大きいため，シラスという言葉を入戸火砕流堆積物の意味で用いても実質的にはとくに問題はない．そこで，本書では今後も，これまでと同様の意味でシラスという言葉を用い，とくに必要な場合に限って入戸火砕流堆積物と表現する．

　入戸火砕流堆積物に溶結部が認められるのは，姶良カルデラ北方から東方にかけての広い地域，大隅半島の高山町(こうやま)の一部の地区，薩摩半島南部の加世田市(かせだ)付近および川辺町(かわなべ)地域である（図17）．溶結部は，いずれも入戸火砕流堆積物の中下部に発達しており，その上下には必ず非溶結部（シラス）を伴っている．溶結部の厚さは，50 m以内であり，上下の非溶結部の厚さとともに場所ごとに不規則に変化する．

　上記した地域以外の地域に分布する入戸火砕流堆積物は，すべてが非溶結の堆積物すなわちシラスである．したがって，例えば薩摩半島を中心とする九州南部の西半部には，一部の地域（上述した加世田市付近や川辺町地域）を除いてシラスしか分布していない．

　入戸火砕流堆積物の分布域内で，このような溶結作用の有無の地域的差異が生じたのは，どのような理由によるのであろうか．これが例えば噴出源からの距離の違いに起因するものではないことは，図17から直ちにわかる．すなわち，例えば薩摩半島の東側（鹿児島湾側）と西側（東シナ海側）の堆積物に注目すると，姶良カルデラからは遠いほうの西側だけで溶結部が認められるからである．また，堆積物全体の厚さが溶結作用の有無を決めているわけではないこと

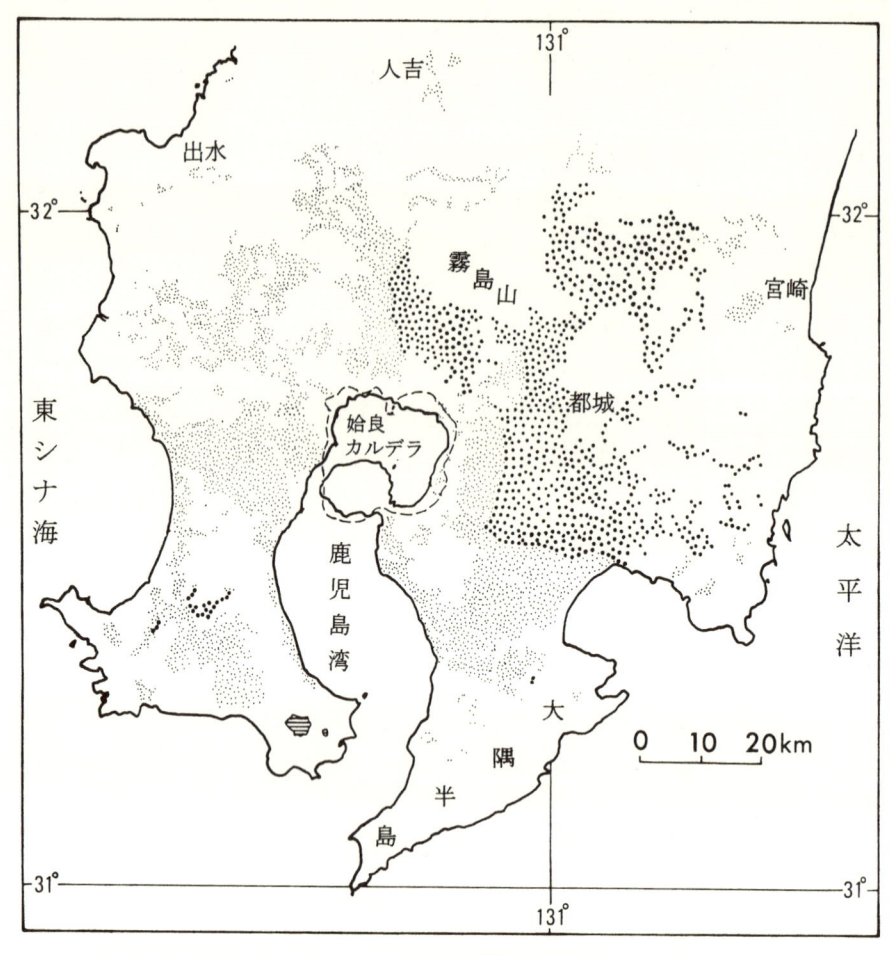

図17 入戸火砕流堆積物の分布域における溶結部の発達地域（横山，1972を一部修正）
破線は姶良カルデラの輪郭．小さな打点部はシラスの分布地．大きな打点部は溶結部の発達地域．

も明らかである．すなわち，例えば鹿児島市西部地域では，シラスの厚さが約150mにも及び，シラス分布域全体でも最大級の厚さがあるにもかかわらず，溶結部は認められないからである．

　上記の問題に対する一つの考えは，溶結部が見られる地域と見られない地域とでは，それぞれ相対的により高温と低温の火砕流が堆積したとする考えである．すなわち，入戸火砕流は，大量のマグマがある程度の時間をかけて相次いで噴出して火砕流を生じ，それが四周へ広がったと考えられる．その火砕流に

はより高温のものと低温のものとがあった可能性があり，その各々が別々の場所（方向）へ流走して堆積したとすれば，溶結作用の有無が生じ得たと考えられる．シラスの中に，いくつかの場所で複数のフローユニットが認められる事実（前述）は，このような考えの根拠となる．しかし，この考えは一つの仮説にすぎず，今後まだ多面的な検討が必要である．

4.4.2　姶良カルデラ北方地域における溶結部の性状

　溶結部は，厚さのみならず，堆積物全体の中における溶結部そのものの位置（層準）や厚さの割合なども場所ごとに変化する．また，溶結部内では，溶結程度が水平的にも垂直的にも変化する．ここでは，姶良カルデラ北方地域（図18）を例として，溶結部の性状について具体的に述べる．

　この地域では，天降川の本流付近（図18に示した鎖線）より東側の地域で溶結部が発達しており，それより西側の地域では堆積物全体が非溶結である．溶結部は，堆積物の中下部に発達しており，溶結部の厚さは西限線から東方へしだいに厚くなり，この地域の中央部地区で最も厚く約45 mである．

　溶結部の性状を具体的にとらえるために，まず，八つの地点で溶結部の基底や上限の高度を現地で計測して求めた．次に，溶結程度を知るために，各地点の溶結部および溶結部の上位と下位にある非溶結部（シラス）のさまざまな高さからそれぞれ採取した溶結凝灰岩およびシラスの試料の密度を求めた（図19）．

　密度（乾燥密度）を求めるためには，試料の乾燥重量と体積の計測が必要である．このうち，重量の計測は容易であるが，体積の計測には種々の方法が考えられ，ここでは次の方法によった．すなわち，シラスについては，露頭面に容積500 cm³の金属円筒（直径7.5 cm，高さ約12 cm）を打ち込んでシラスを採取した．溶結部については，野外で採取した不定形の溶結凝灰岩片を水中に浸して体積を計測した．

　図19からは，溶結部の性状に関するいくつかのことが読みとれる．まず，溶結部は，いずれの地点でも堆積物全体の下部に発達している．溶結部の上位と下位には非溶結部が発達しており，全体として三層構造が認められる．溶結部の厚さならびに堆積物全体の中に占める溶結部の厚さの割合は，場所ごとに変化しており，とくに顕著な規則性は認められない．非溶結部の厚さも，場所による変化が大きい．また，一般に上位の非溶結部に比べて，下位の非溶結部の

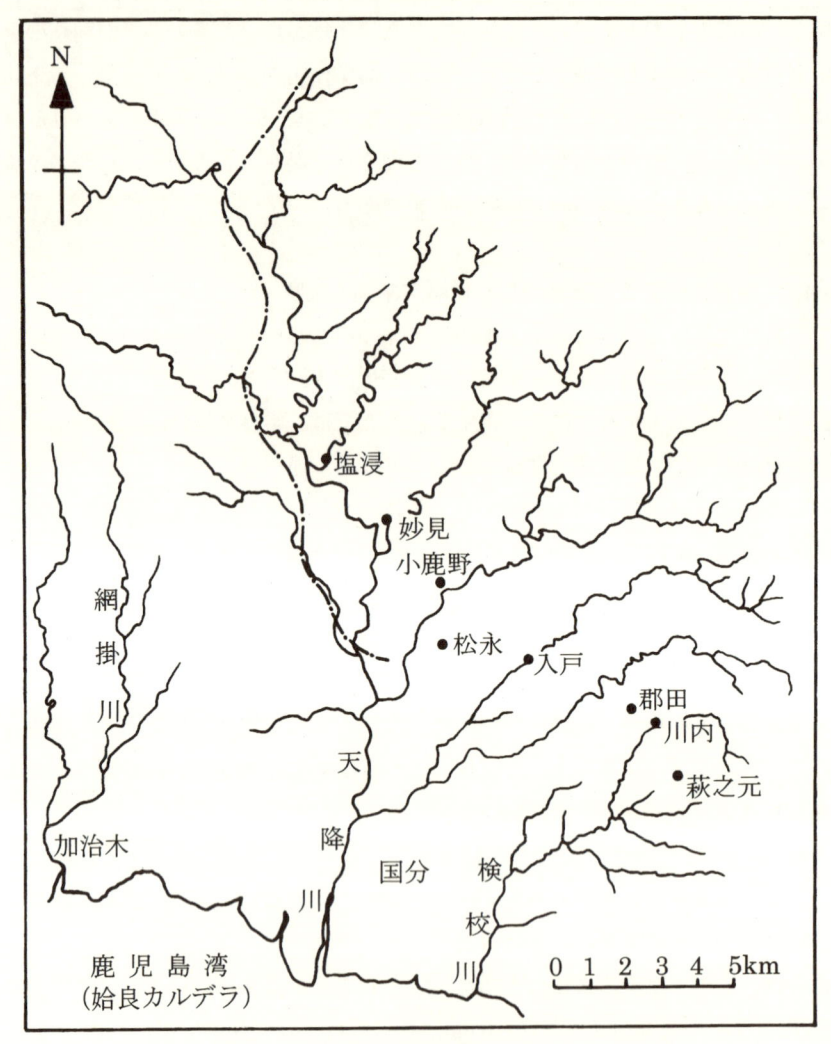

図18 姶良カルデラ北方地域の地名（図19の地点の位置図）
鎖線は溶結部発達域の西限線.

厚さはきわめて薄い.
　密度すなわち溶結程度は，いずれの地点でも垂直（上下）方向に顕著な規則的変化を示す．すなわち，いずれの地点でも，溶結部内の下部寄りの部分で最大値を示し，そこから上へも下へもしだいに減少している．これは，厚い堆積物の場合，堆積物の中下部では冷却が最も遅れるという温度条件に加えて，堆積物の下部ほど堆積物自体の荷重（自重）をより強く受けるという圧力条件が

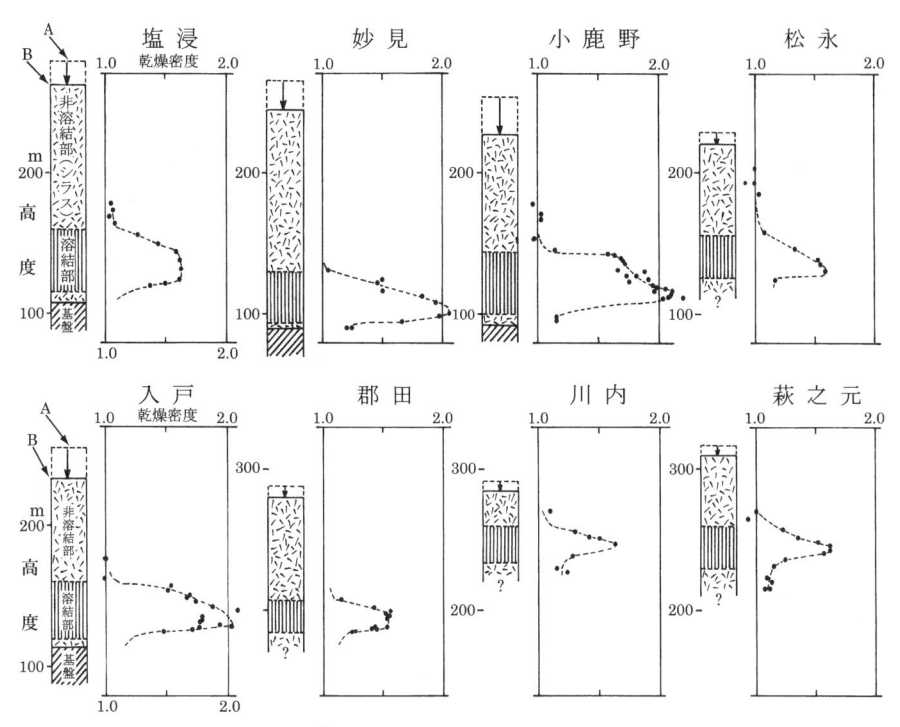

図19 姶良カルデラ北方の各地における入戸火砕流堆積物の溶結部の発達状況（横山，1970による）
Aは堆積時（溶結前）の堆積物の上面，Bは現在の堆積物の上面．

重なっていることによると思われる．
　溶結程度は，場所ごとに差異が認められ，妙見，小鹿野，入戸などでは，最大密度が2.0 g/cm³以上に及ぶのに対し，それ以外の場所では，1.7 g/cm³程度以下にすぎない．溶結部と非溶結部との間では，不連続的な密度の変化は認められず，互いに漸移している．この特徴は，実際に野外で肉眼観察をしても同様で，溶結部と非溶結部の間には岩相上の画然とした境界は認められない．
　一方，非溶結部内では，一般に下位非溶結部の密度のほうが上位のそれよりもわずかに大きい傾向が認められる．これは，堆積物の自重の効果を反映したものと思われる．しかし，非溶結部を全体としてみたとき，とくに上下方向の系統的な密度の変化傾向は認められず，バラツキの範囲内で大体一定であるとみなしうる．

4.4.3 溶結圧密収縮と地形変化

溶結作用が起きると，堆積物を構成する粒子がくっつき合い，粒子間の隙間（空隙）が潰されて減少（消失）する．すなわち，溶結作用は，空隙の減少過程である．空隙の減少は，堆積物の密度の増大を意味する．したがって，溶結作用は堆積物の密度の増大を伴う過程であり，溶結程度は密度の大小でとらえることができる（前述）．溶結程度が低い（弱溶結の）場合は，空隙が多いために密度も低いが，溶結程度が増すにつれて空隙が減少し，ついには空隙が大半または完全に消失した密度の高い（強溶結の）岩石になる．

　密度の大小は，言い換えれば岩石の"固さ"とも関係する（前述）．密度が $2.0\ g/cm^3$ 程度以上にも及ぶような強く溶結した溶結凝灰岩は，ハンマーでたたくと"チンチン"音がして手に強く響き，容易には割れない．一方，溶結度の低いものでは，鈍い音がして手への響きも小さい．慣れると，ハンマーでたたいた感触や音からでも，密度のおおよその見当がつく．

　溶結作用で空隙が減少するということは，その分だけ堆積物全体が収縮することにほかならない．これをいま，食パンを例にして考えてみる．食パンは，ふかふかのスポンジ状すなわち空隙だらけである．この食パンを，幅を変えないで（すなわち，横に枠をはめて）元の厚さの半分になるまで上から押しつぶしたとする．そうすると，パンの空隙の割合は元の半分に減ったわけであり，逆に，パンの密度は元の密度のちょうど2倍になっている．溶結作用でもこのような空隙の減少と密度の増大が起こる．先述したユータキシティック構造は，押し潰されて空隙を失った状態の軽石塊または黒曜石の姿にほかならない．溶結作用に伴う空隙の消失，すなわち密度の増大に伴う堆積物の収縮を溶結圧密収縮という．図20は，この溶結作用に伴う密度の変化と圧密収縮の関係を，妙見の例で示したものである．

　上述した食パンの例からも明らかなように，押し潰される前の密度と押し潰されて増大した密度を比較することで，押しつぶされて収縮した量（圧密収縮量）を求めることが可能であり，一般的には次のように考えればよい．

　まず，密度は，各々の地点において高さ（位置）とともに変わるので，高さの関数であると見なすことができる．各々の地点の種々な高さにおける密度の値をなめらかに結ぶと，一つの曲線ができる（図19の破線）．これは，各地点における垂直方向の溶結程度の変化状態を示すものであり，各地点の密度（変化）曲線と呼ぶことにする．このような密度曲線から，次のように考えれば，溶結作用に伴う堆積物全体の収縮量すなわち溶結圧密収縮量を求めることがで

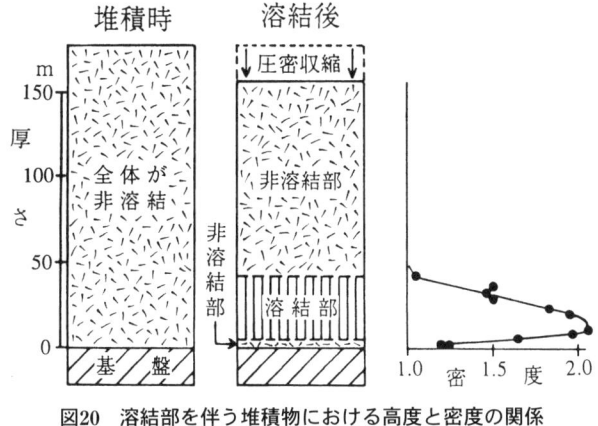

図20 溶結部を伴う堆積物における高度と密度の関係
（図19の妙見の例）

きる.

まず，図21に示すように，密度曲線を高度（x）の関数f(x)で表すことにする．図中のa, bはそれぞれ溶結部の上限および下限高度を示し，kは非溶結部の密度の平均値である.

いま，溶結部内の厚さAの部分の密度がkのn倍あるとすれば，その部分は溶結前にはnAの厚さがあったことになる．したがって，図21において，a〜b間（溶結部）の任意の1点Pからの微小区間Δxの部分の溶結前の厚さ（$T\Delta x$）は，次式で与えられる．

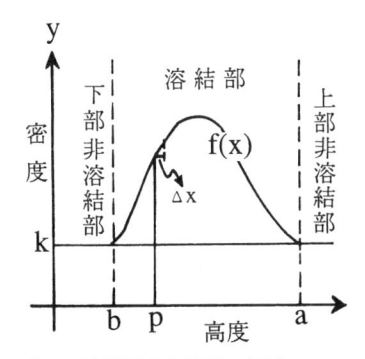

図21 溶結圧密収縮量の見積
a：溶結部の上限高度　b：溶結部の下限高度　k：非溶結部の密度平均値.

$$T\Delta x = \frac{f(p)}{k}\Delta x \cdots\cdots\cdots\cdots\cdots\cdots\cdots\cdots\cdots\cdots\cdots\cdots (1)$$

溶結部全体に対する溶結前の厚さ（Tw）は，(1)式をbからaまで積分した次式となる．

$$Tw = \frac{1}{k}\int_b^a f(x)dx \cdots\cdots\cdots\cdots\cdots\cdots\cdots\cdots\cdots\cdots (2)$$

一方，溶結圧密収縮量（C）は，Twから溶結部の厚さを差し引いた次式となる．

$$C = Tw - (a-b) \cdots\cdots\cdots\cdots\cdots\cdots\cdots\cdots\cdots\cdots\cdots\cdots (3)$$

上述した考えに基づき，$k=1.1\,g/cm^3$という値（シラスの密度の平均値）を用いて，図19に示す8地点における溶結圧密収縮量を見積もった．それによれば，塩浸(しおひたし)で約17 m，妙見で約20 m，小鹿野で約27 m，松永で約8 m，入戸で約22 m，郡田で約8 m，川内で約7 m，萩之元で約7 mの圧密収縮があったことになる．

いま，最大の圧密収縮量を示す小鹿野を例にとると，ここでは堆積物の当初の厚さは約160 mに及んでいたが，その下部に厚さ約45 mの溶結部が形成され，これに伴い約27 mの圧密収縮が起きたことになる．

溶結圧密収縮量を上記の方法で求めるためには，野外における高度の計測や試料の採取，さらに採取した試料の密度測定など，かなり面倒な作業が必要である．そこで次に，このような面倒な作業を避け，収縮量のおおよその値を野外でも容易に見積もれる実用的な簡便法を考えてみる．

まず，強溶結部では，密度は大まかには当初（溶結前）より2倍程度に増大していると考えてよい．すなわち，強溶結部では，溶結前には約2倍の厚さがあったことになる．一方，弱溶結部では，密度の変化範囲が大きい．そこで弱溶結部の平均的な密度を当初の1.5倍程度と考えれば，溶結前には今の約1.5倍の厚さがあったことになる．したがって，圧密収縮量は，次式で表される．

圧密収縮量＝強溶結部の厚さ＋1/2（弱溶結部の厚さ）

溶結程度も溶結部の厚さもともに，野外調査で比較的容易にとらえられるので，この式は，圧密収縮量の大まかな目安をつける上では実用性があると考えてよい．

第5章　シラスの研究史

　前章までで，シラスの堆積物としての全体的な特徴について記述した．本章では，シラスに対する今日の我々の認識に至った経過を理解するために，シラスの研究史を眺めてみる．

　九州南部に分布するシラスが，地理学や地質学の対象として研究され，文献に記載されるようになってから百年余りが経過している．この間のとくに前半の約半世紀の期間，すなわち20世紀の中頃までの時期は，火砕流の概念がない時期に始まり，一般的な概念が確立されるに至った時期である．この時期におけるシラス関連の文献をみると，現在とは表現も異なり，読解が困難なものもみられる反面，きわめて広域に分布し，しかも変化に富むシラスを前にして，先人がその理解・解釈に苦しんだ様子が読みとれる興味深い内容のものもあり，学ぶべきものも少なくない．半世紀以上も昔の研究者が"疑う余地はない"などと判断したものでも，今日では"明らかな誤り"であるものもある．また，今日の"常識"からはあり得ないような考えでも，長く支持されていたものもある．このような先人の苦慮や判断の過程，その時代背景なども含めて研究の歩みを知ることは，単に歴史を知るという興味のみならず，今日の我々の知識を整理し，理解を深める上でもきわめて示唆に富み，意義も大きいと考えられる．

　我々は，現在では，シラスの露頭を前にして，いとも簡単に"これは火砕流堆積物である"といった類の判断を下している．しかし，実は，シラスが火砕流堆積物であるという認識に達するまでには，シラスの地形・地質学的な研究の開始以来，半世紀余りもの期間がかかったのである．本章では，シラスの地形・地質に関する過去百年余りにわたる研究史のうち，とくにその前半の時期，すなわち火砕流の概念が生まれて定着する20世紀中頃までの時期における研究史を取り扱う．この時期の文献には，シラスに対する呼称やシラスの成因に関

する考えが，現在のものとは異なるものが多く見出される．そこで，ここではとくに，シラスの呼称や成因に対する考えの変遷史に重点を置き，シラスの研究史をまとめることにする．

表1は，シラス研究前半史に関する国内文献の年次順一覧表である．表示した文献は，上述した主旨に基づいて取捨選択した主要な文献であり，シラス関連の全文献が網羅されているわけではない．シラス関連の文献はきわめて多く，

表1 シラス研究史年表

著者名	年	文献名（書名または論文題目）
志賀重昻	1894	日本風景論
早川元次郎	1897	大日本帝国大隅薩摩土性図
中島謙造	1897	10万分の1地質図幅「鹿児島」および同説明書
大塚専一	1899	20万分の1地質図幅「志布志」および同説明書
大塚専一	1901	20万分の1地質図幅「宮崎」および同説明書
井上禧之助	1910	20万分の1地質図幅「加世田」および同説明書
山崎・佐藤	1911	大日本地誌 巻八（九州）
Koto, B.	1916	The great eruption of Sakura-jima in 1914
小田亮平	1917	鹿児島市外吉野臺の地質
小田亮平	1918	霧島火山地域地質調査概報
辻村太郎	1923	地形学
渡邊ほか	1926	霧島地方に於ける火山灰層の土工に関する資料
小林房太郎	1929	火山
伊原敬之助	1931a	7万5千分の1地質図幅「伊集院」および同説明書
伊原敬之助	1931b	7万5千分の1地質図幅「鹿児島」および同説明書
山口鎌次	1933	北部鹿児島灣近郊に於ける灰石類の岩石学的研究
松本唯一	1933	姶良火山について
田中館秀三	1933	日本のカルデラ
日本火山学会	1935	日本火山誌（一）桜島
山口鎌次	1937	北部鹿児島灣の周縁地域特に吉野臺の地質に就いて（摘要）
山口鎌次	1938	鹿児島湾周辺に於ける台地の地形について
泉 清	1940	宮崎縣下のシラスに就いて
Matumoto, T.	1943	The four gigantic caldera volcanoes of Kyushu
田町正誉	1950	シラス地帯に於ける災害防止対策（中間報告）
三木五三郎	1952	白砂台地の土質力学的特性と崩壊対策
西・木村	1952	シラス地帯研究（第1報）シラス層の崩壊
多田・三井	1952	鹿児島県シラス台地の崖崩れ
山口鎌次	1952	宮崎県下におけるいわゆるシラス層の地質について
鹿児島県	1953	20万の1鹿児島県地質図
種子田定勝	1953	鹿児島県の岩石の種類及び分布，二十万分の一鹿児島県地質図の説明
門田重行	1953	シラス層の層序に就いて
久野 久	1954	火山及び火山岩
Taneda, S.	1954	Geological and petrological studies on the "Shirasu" in South Kyushu
沢村孝之助	1956	5万分の1地質図幅「国分」および同説明書
荒牧重雄	1957	「火砕流」の概念と研究史

また，とくに古い文献には，所在が不明か所在を突き止めるのがきわめて困難なものも少なくない．したがって，文献の渉猟は必ずしも十分とは言い難いが，シラス研究史に関する主要な文献という意味では，とくに大きな欠落はないものと考えている．

以下では，シラスの研究前半史を，19世紀末から1940年代までの時期と1950年代〜1960年代初期までの二つの時期に大きく分ける．すなわち前者は，文献上でシラスという用語がほとんど使われておらず，また，火砕流の概念もまだなかった時期であり，一方，後者は，シラスという用語が多く使われ，火砕流の概念が生まれ，現在の火砕流研究の基礎が確立された時期である．本章では，これをそれぞれ"先シラス期"および"シラス・火砕流期"と呼び，各々の時期におけるシラスに対する認識の変化ならびに研究の流れを，年次順に見ていく．なお，本章では，"シラス"という言葉を，とくに入戸火砕流堆積物の意味に限定せず，第1章で述べた一般的な意味で使用する．

5.1 先シラス期

この時期は，シラスの研究が始まり，シラスの分布の大勢がほぼ把握されるまでの約半世紀の期間である．この時期の文献における用語，シラスに関する地質区分や成因に対する考えなどは，現在とは異なっているものが多い．

志賀（1894）は，日本の主要な地形の解説をした著名な古典の一つであり，当時の地形に対する認識状況を知る上で貴重かつ興味深い文献である．幸い，この本は現在でも復刻版の入手が可能である．本書では，九州南部に関しては，霧島山や桜島，開聞岳などの火山についての記述はあるものの，シラスやシラス台地に関する記述は見当たらない．これは，火山は，噴火活動を通して人間とのかかわりが深く，かつ，山体が美しくそびえ立ち地形的にも目立つのに対して，シラスやシラス台地は，人間生活と密接なかかわりがあるものの，地形的にはあまり目立たないため，とくに注目されなかったということなのであろう．

シラスないしはシラス地域に関する地質学的文献が刊行されたのは，明治30年（1897年）頃以降である．この種の最古の文献は，私が知る限りでは，早川（1897）および中島（1897）である．両者はともに縮尺10万分の1の地質図であり，とくに早川の「大隅・薩摩土性図」は，160 cm四方の大判の図幅であり，

地勢はケバで表現されている．これらの地質図は，シラスの分布やそのほかの地質が100年以上前にはどのように認識されていたかを知る上で，きわめて貴重かつ興味深い．両図幅では，シラスという言葉は使われておらず，"火山灰及灰石"と表現されている．また，中島の「鹿児島図幅説明書」では，シラス台地が"丘陵原野（または，原野丘陵）"と表現され，その構成物（すなわちシラス）の年代を"洪積期"とし，陸成か水成かの判断が困難なことが述べられている．

大塚（1899）は，シラスを"灰石（層）"と呼び，これは大塚（1901）でも同様である．また，シラス地域の地勢を"灰石原野"と表現し，灰石は"洪積期より沖積期に至る間に"霧島火山より噴出したものであるとしている．

井上（1910）は，シラスの分布域を"火山灰及灰石（Volcanic Ash and Mud Lava）"として示し，その地勢を"波浪状の臺地"と表現している．

山崎・佐藤（1911）は，総ページ数1164ページに及ぶ大冊の地誌書であり，20世紀初期における最も詳細な九州の地誌書である．本書では，地形・地質関係の部分（第一～三章）だけでも420ページにおよび，霧島山，桜島，開聞岳などの火山体のみならず，シラスやほかの古い火砕流堆積物に関する記述もみられるが，シラス（台地）という言葉は使われていない．例えばp.189-190には，"（霧島火山から）噴出溢流せし熔岩は…，殊に西南の方面には裾野の著しく発展せるありて，…，熔岩流の層状をなして露出せるもの…．"とあるが，これは，霧島火山南西方から国分市方面のシラス台地や火砕流堆積物に関する記述である．また，p.207には，"而して此等奮山脈の間には，…其飛散したる灰塵の堆積によりて造られたる丘陵臺地著しく発達し，…．"とあるが，これは薩摩半島北部一帯のシラス（台地）についての記述である．

Koto（1916）は，1914年の桜島の大噴火（"大正噴火"）に関する詳細な英文論文であるが，この中にシラスやシラス台地についての記述がある．すなわちシラスおよびシラス台地は，それぞれ"lapilli"および"lapilli plateau"と表現され，lapilliは（late Tertiary（第三紀末期）か，恐らくは）early Diluvial age（洪積世初期）の海底堆積物であり，後に海面上に隆起したものであると考えられた．シラスを海底堆積物とするこの考えは，その後の研究に長期間影響を及ぼし，この考えを踏襲あるいは支持する見解は，20世紀の中頃の文献にまで認められる（例えば後述の山口，1952）．

小田（1917）は，鹿児島市北方の吉野台を構成する"シラス"と俗称される

堆積物を"灰砂層"と呼んだが，その成因などについてはとくに言及していない．

小田（1918）は，霧島火山地域の調査報告書であり，シラスを"灰砂層"と呼び，シラス台地を"lapilli plateau"，"灰砂層台地"などと表現し，"灰砂層"を"旧期霧島熔岩"以前の水中堆積層と考えた．この考えには，明らかにKoto（1916）の影響が認められる．

辻村（1923）は，日本で最初の地形学の教科書であり，日本の地形学の学説史を考える上では，真っ先にとりあげられるべき文献である．総ページ数610ページに及ぶ大著で，火山に関しては，最終章（第八編）で74ページの記述がある．本書では，カルデラの解説，とくに阿蘇カルデラに関する記述はあるが，始良カルデラやシラスなどに関する記述は見出されない．このことは，辻村がその後に著した「日本地形誌」（1929）や「新考地形学　第二巻」（1933）においてもほぼ同じである．このうち前者には，"西南日本の地域には阿蘇の大カルデラ以外に著しいカルデラは無く"という記述があり（p.372），また，後者には阿蘇火砕流堆積物を"阿蘇熔岩"と呼び，（溶岩流は）"甚だしく流動性が大きかった"と記述されており（p.203），注目される．いずれにせよ，この時期には，シラスや始良カルデラは，阿蘇カルデラやその関連噴出物に比べると，学者間でも知名度が一段劣っていたことを示すと思われ，興味深い．

渡邊ほか（1926）は，旧（国鉄）"志布志線"通過地帯のシラスの"土工"すなわち（土木）工学的側面に関する論述である．渡邊　貫，曾我芳松，早野松次がそれぞれ，"霧島地方の火山灰層に就て"，"志布志線白砂土工に就て"，"白砂土質の土工及保守上に就て"という題目で分担執筆している．本報は，私の知る限りでは，シラスの工学的側面に関する学術誌上で最初の文献であり，また，題目や本文中で"白砂（層）"という言葉が最初に使われた例でもある．

小林（1929）は，日本における最古の火山学書の一つである．本書は，総ページ数582ページに及ぶ大冊であり，当時の火山学のレベルを知る上でも興味深い．本書におけるシラスの記述は，Koto（1916）や小田（1918）などを踏襲したものであり，シラスを"灰砂層"，シラス台地を"波状平原"と表現し，"灰砂層"は"海中堆積物"であるとされている．

井原（1931a）および井原（1931b）は，シラスを"火山灰砂層"と呼び（ただし，地質図の凡例の表記は，前者が"火山灰砂"，後者が"火山灰砂礫"，英語は両者ともに"Volcanic ash and lapilli"），これが広く台地や丘陵をつくり，

厚さは60〜200 mに及ぶことなどが述べられている．また，成因については，前者では"水陸何れに降積したのか判別しがたい場合が多い"旨の記述がある．一方，後者では，例えば標識的な露出がある鹿児島市の城山で，"淡褐色粘土質砂層"（厚さ約10 m）の上位に"火山灰砂層"（厚さ約80 m）が整合的に重なっていることなどから，"一部は海成一部は陸成"であると考えている．

　山口（1933）は，シラス台地を構成する"火山砕屑物"は水底堆積物であり，"灰石"すなわち溶結凝灰岩はシラスの中に"迸入した岩床（sill）"であるとする考えを述べている．

　松本（1933）は，九州南部の広域における予察的火山地質調査結果を踏まえ，シラスの分布や噴出源などに関するいくつかの重要な言及を行った．すなわち，九州南部の"薩摩，大隅，日向の3州"に広く分布し，これまで"火山灰及灰石"，"火山灰砂"などと呼ばれてきた火山噴出物は，東側が大淀川流域〜宮崎市付近から大隅半島南部に及び，西側は川内川の河谷から薩摩半島の一帯に及んでいることを指摘した．噴出物の成因に関しては，灰石は，山口（1933）が言うような"貫入岩床"ではなく，"阿蘇熔岩"と同様に"熔岩流"と解釈されることを述べ，また，その噴出源が鹿児島湾奥の"姶良火山"（カルデラ）であると初めて指摘し，さらに，"姶良"という名称の命名の経緯にまで言及している．

　田中館（1933）は，カルデラの成因および日本のカルデラの特性についての集約書である．本書では，シラスに関する記述は認められず，姶良カルデラが現在でも形成進行中の"沈降カルデラ"と考えられている．

　日本火山学会（1935）は，桜島火山の火山誌であり，桜島に関する当時の知識の総括であるが，この中に"姶良火山"（カルデラ）とその噴出物に関する記述がある．すなわち，姶良火山噴出物は，"灰石または泥熔岩"であり，これは海底火山の噴出物であること，宮崎や薩摩半島西海岸まで分布していることなどが述べられている．また，灰石の成因については，水底に噴出し流動した熔岩流とする考え（これは，松本唯一による考えと記述されているが，松本（1933）にはとくに"水中"溶岩流とする考えは示されていない．）や，"貫入岩床"とする山口（1933）の考えが紹介されている．

　山口（1937）は，鹿児島市北方の吉野台の地質について報告した中で，シラスを"上部灰砂層"と呼び，また，シラス台地上に"台地表面砂礫層"があることから，このような場所は，一度は水面下にあったと述べた．

山口（1938）は，シラス台地の地形的特性や台地の開析程度の地域的差異などについて記述した．シラスに対しては，"灰砂層" という用語を使い，広い台地面の残存には，"灰石"（すなわち溶結凝灰岩）やいくつかの基盤岩類の存在が関与しているという考えを述べている．

1940年代は，シラスの研究成果が目立って少ない時期であるが，これは第二次世界大戦（1941-1945）の影響によると思われる．しかし，この時期には，シラスの研究史上でも特筆すべき松本唯一による長年の研究成果（Matumoto, 1943）が刊行された．これは，九州の四大カルデラ（阿蘇・姶良・阿多・鬼界カルデラ）とその関連堆積物に関する研究総括論文（英文）であり，とくに各堆積物の分布のほぼ全容を示した点で画期的な労作である．シラスに関しては，この論文で示された分布図が最初のものである．この図で示されたシラスの分布については，その後の研究で修正・追加すべき場所が見出されているものの，この時すでにシラスの分布の大勢がほぼ把握されたという点で，その意義は大きい．この論文では，用語が不統一でわかりにくい部分もあるが，シラスは "lapilli formation"，"plateau formation"，"glassy lava" などと表現され，一般に "sirasu" と呼ばれているという記述がある．ただ，当時はまだ，シラスが火砕流堆積物であるという認識がなく，また，溶結作用や溶結凝灰岩に対する認識もなかったため，溶結部や非溶結部の区別がされておらず，姶良火山噴出物は一括して "Aira lava" と表現されている．シラス台地については，"tableland of lapilli formation"，"lapilli plateau" などの表現が見られる．

5.2 シラス・火砕流期

"シラス" という呼称は，古くから民間用語として一般に使われてきたが，学術誌などの文献上で用語として使用されるようになったのは，おもに1950年頃以降であり，それ以前の使用例はきわめて少ないようである．1950年以前に "シラス" という用語を使用した文献としては，先述した渡邊ほか（1926）のほかには，例えば泉（1940）が挙げられる．泉（1940）では，題目に "シラス" という言葉が使われ，宮崎県下のシラスの農牧業などにおける利用状況や性状が記述されている．1950年代には，"シラス" の用語が広く使われるようになり，1950年代前半だけをみても，題目に "シラス（台地）" という用語が使われている文献が少なくない．すなわち，この頃に学術用語としての "シラス"

という呼称の使用が一般化したと言える．

　田町（1950）は，シラスの崖崩れやその防止対策などを詳しく論じた報告書であり，題目に"シラス地帯"という言葉が使われている．また，本文中でも，"シラス（層）"および"シラス台地"などの用語が多用されている．

　三木（1952）は，シラスの土質力学的性質を記述し，シラスの崖の崩壊原因や崩壊対策などを論じた報告書である．題目に"白砂（シラス）台地"という言葉を使用し，本文中では"白砂"や"白砂台地"という表現がとられている．

　西・木村（1952）は，シラスの崖の崩壊の性状や原因などを論じたものであり，その題目で"シラス地帯"や"シラス層"という言葉が使われ，本文中でも"シラス"という言葉が多用されている．

　多田・三井（1952）は，山口（1938）が"上部灰砂層"と呼んだシラスを"シラス層"と呼び，また，その台地を"シラス台地"と呼んでいる．

　山口（1952）は，それまで"灰砂層"と呼ばれてきたものを"シラス層"と呼び，その成因に関しては依然としてKoto（1916）などの考えを踏襲して，海底における裂罅（れっか）噴火の堆積物であると考えている．

　鹿児島県（1953）および種子田（1953）は，それぞれ「20万分の1鹿児島県地質図」およびその説明書である．地質図では，いわゆるシラスが時代や成因，噴出源などの区別をされることなく一括して"灰砂層（"シラス層"）"と表現され，また，溶結凝灰岩類も一括して"泥熔岩（"灰石類"）"と表現されている．一方，説明書のほうでは，"泥熔岩（welded tuff）"という表現があり，この時にはまだ，"溶結凝灰岩"という表現がないのは興味をひく．

　門田（1953）は，九州南部に広く分布する"シラス"を"上・中・下部シラス層"の三つに区分し，通称のシラス層を"上部シラス層"と呼び，陸成の一種の風成層と考えた．

　久野（1954）は，火山学の教科書であり，火山研究者の間では最もよく読まれた古典の一つであろう．本書では，"熱雲（nuée ardentes）"や"輕石流（pumice flow）"，"熔結凝灰岩（welded tuff）"などの用語は出てくるが，当時はまだ火砕流の一般的な概念や火砕流という用語もなかった．したがって，火砕流台地も"火山碎屑岩臺地（pyroclastic plateau）"と表現されている．シラス（台地）に関しては，"鹿児島湾周辺のいわゆる"灰石"（熔結凝灰岩）の作る臺地"が"火山碎屑岩臺地"の例としてあげられており，シラスという言葉は使われていない．

Taneda（1954）は，初めてシラスの粒度分析を行い，その結果から，シラスが"nuée ardente（熱雲）ないしはpumice flow（軽石流）"の堆積物である可能性を指摘した．すなわち，シラスの粒度組成は"ソーティングが悪い"という特徴があり，これはnuée ardentes起源と考えられている北アメリカCrater Lake地域の"older pumice"の特徴（Moore, 1934）に類似しており，シラスも"older pumice"と同様な起源の堆積物と考えた．また，この論文では，灰石の大半は溶結凝灰岩であろうという指摘も見られる．

沢村（1956）は，国分地域で五つの火砕流堆積物（"軽石流"）を認定し，そのうち最上位のものを"入戸軽石流（Ito pumice flow）"と命名した．本書の初めにも述べたように，今日広く使われている"入戸［イト］火砕流"という呼称は，この沢村の命名に端を発している．

20世紀中頃には，火砕流ならびに堆積物に関する知識の蓄積も相当に進んだ．これらの知識を踏まえ，荒牧（1957）は，火砕流全体の分類を行った．ただ，この時はまだ火砕流という用語ではなく，"pyroclastic flow"という英語がそのまま使われている．このpyroclastic flowという用語は，その後も数年間は英語のままで使われ続けた．pyroclasticという言葉は，pyroとclasticの合成語であり，pyroはfireやheatなどの意味をもつギリシア語であり，clasticは破片状（fragmental）の意味がある．pyroclastic flowに対しては，もともと"火山砕屑流"という訳語が考えられたが，その略語である"火砕流"という用語が後に一般的に使われるようになった．この火砕流という用語が，文献上で最初に使われたのは1963年のようである．例えば中村・荒牧・村井（1963）では，"火砕流（堆積物）"の特徴が記述されている．また，日本火山学会1963年秋季大会では，"「火砕流」に関する討論会"が行われた．この討論会の概括は，ほかの火砕流（堆積物）関連の論文と共に，「火山」，第2集，第8巻，第3号（1963）に掲載されている．

上述したことから，1960年前後の時期の日本における火砕流（堆積物）に関する研究は，それまでの知識を整理・総括し，その後の新たな研究段階へと進む過渡期であったと言えるであろう．この時期には，海外でも注目すべき文献がいくつか出された．そのうちとくに重要な文献としてあげられるのは，Smith（1960）である．これは，火砕流（堆積物）に関するバイブルとでも呼びうるきわめて優れた総説であり，この中では，火砕流（堆積物）の諸特徴ならびに多面的な問題点が詳細に論じられている．火砕流堆積物の認定の際の基本とな

る"flow unit"や"cooling unit"などの重要な概念が提示されたのも，本論の中である．

　上述した20世紀中頃過ぎにおける火砕流（堆積物）に関する知識の整理・総括は，その後のシラス研究にも大きな影響を与えた．本書の初めにも述べたように，"シラス"には，成因，時代，噴出源などを異にする多くの堆積物が含まれているが，火砕流の概念が確立される以前の20世紀中頃までの研究では，シラスの区分に対する理解が不十分であった．しかし，その後の研究では，各々のシラスやほかの多くの火砕（流）堆積物の層位や層相などが詳しく調べられ，その成因，噴出源や噴出時期などが詳しく論じられるようになっていった．

第6章　シラス台地の地形

　シラスという言葉を知っているほとんどの人は，おそらく"シラス台地"という言葉も同時に知っているであろう．それほど，シラスとシラス台地とは密接な関係がある．シラス台地とは，いうまでもなくシラスがつくる台地という意味である．台地とは，上面が平坦で，その縁辺が急崖ないしは急斜面からなる台状の地形であり，この上面すなわち台地面と縁辺すなわち台地崖が台地の地形要素である．台地面と台地崖は，それぞれ平坦面と急斜面であるという顕著な地形的差異があり，したがって両者のでき方（成因）や土地利用などの人間とのかかわりもまったく異なる．

　火砕流堆積物は，シラスの場合のみならず，一般に台地地形をつくっていることが多い．火砕流堆積物がつくる台地を，火砕流台地と総称する．すなわち，シラス台地は，より一般的には火砕流台地ということであり，最も典型的な火砕流台地であると言ってよい．

6.1　シラス台地面

6.1.1　台地面の平坦性

　九州南部，とくに鹿児島県内には，春山原や須川原（図2），笠野原，十三塚原などをはじめ，○○原と呼ばれる台地面をもつシラス台地が多数ある（表2）．原は，[ハラ] だけでなく，[ハイ，バイ，バラ，バル] など特有の鹿児島弁訛りで呼ばれている．このような台地面は，畑になっている場合が多く，全体としてきわめて平坦であることが特徴である（口絵A）．例えば大隅の笠野原(かさの)は，最も広大なシラス台地であり，平坦な広い台地面上には，明治時代には三角測量用の基線（約5.9 km）が設けられ，現在では，広々とした畑と何キロメートルもまっすぐに伸びる碁盤目状の道路網が整備され，シラス地域の中

表2 九州南部各地における"原"がつくシラス台地

台地名	5万分の1地形図図幅名	所属県・市町名	標高(約, m)	土地利用	特記事項
北原	宮之城	鹿児島県薩摩郡鶴田町	60-80	畑, 宅地	台地面は河成段丘面
荒田原	栗野	鹿児島県伊佐郡菱刈町	200-220	畑	
広原	霧島山	宮崎県西諸県郡高原町	200-220	畑	西側には霧島火山の溶岩台地がある
縄瀬原	野尻	宮崎県西諸県郡高崎町	150	畑	北隣にある塚原も類似の台地である
権現原	川内	鹿児島県川内市	30	畑	
十三塚原	加治木	鹿児島県姶良郡溝辺町, 隼人町	260-270	畑, 空港	鹿児島空港がある
春山原(はいやまばる)	国分	鹿児島県国分市	220-240	畑	南西(鹿児島湾)側へ傾斜(図2)
大堀原	都城	宮崎県北諸県郡山田町	160-180	畑	柿木原, 諏訪原など近隣に類似の台地がある
恋之原	伊集院	鹿児島県日置郡伊集院町	150-160	畑	
紫原	鹿児島	鹿児島県鹿児島市	60-100	宅地	鹿児島市の市街地南側に隣接する住宅地
諏訪原	岩川	鹿児島県曽於郡輝北町	270-350	畑	
楢ケ原	末吉	鹿児島県曽於郡有明町	120-130	畑	
鳴野原	加世田	鹿児島県川辺郡川辺町	100-150	畑	台地面は河成段丘面, いくつかの火砕流凹地がある
柊原(くぬぎ)	垂水	鹿児島県垂水市	80-120	畑	西(鹿児島湾)側へ傾斜
笠野原	鹿屋	鹿児島県鹿屋市, 肝属郡串良町	30-160	畑, 宅地	最大のシラス台地. 碁盤目状の道路網整備
大原	志布志	鹿児島県曽於郡志布志町	70	畑, 宅地	

　この表は，図22に示した16面の地形図上で"〇〇原"と表記されているシラス台地のうち，各図幅内の代表的なものをそれぞれ一つ選び出してまとめたものである．なお，典型的な広いシラス台地や地元では"〇〇原"と呼ばれているシラス台地でも，地形図上では"〇〇原"という表記のないものが多い．したがって，本表に示した台地が各図幅内の最も代表的なシラス台地とは限らない．

でも特異な景観を呈している（写真8）．また，鹿児島空港は，鹿児島市から北東方向に30km近く離れた（鹿児島湾北方の）十三塚原(じゅうさんつかばる)と呼ばれるシラス台地面上に位置し，長さ3,000mの滑走路を有するが，これは，台地面が広くかつ平坦であることを端的に示す好例である．さらに，かつて特攻隊機が飛び立ったことで有名な薩摩半島南部の知覧(ちらん)の特攻隊基地があった場所一帯も，平坦なシラス台地面である．このように，シラス台地面は，一般に平坦であることが地形的な特徴である．これは，シラスがもともとほぼ平坦な上面すなわち

第6章 シラス台地の地形　59

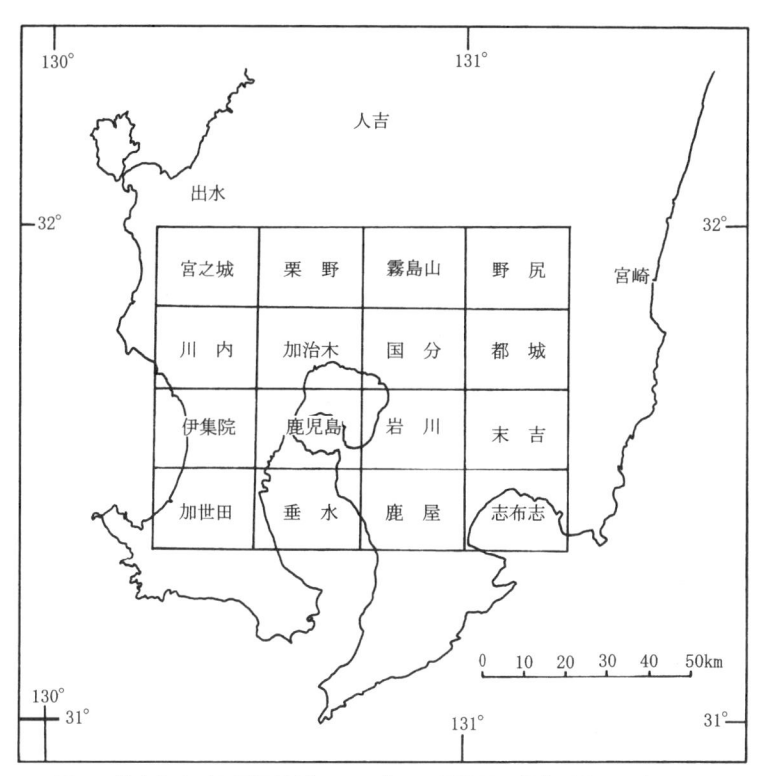

図22　姶良カルデラ周辺地域の5万分の1地形図図幅名（表2の索引図）

写真8　平坦な笠野原台地面（鹿児島県串良町）
台地面は手前へ緩やかに傾く．

堆積面を形成して堆積する性質があり，シラス台地面は，基本的にはこの堆積面に相当するからである．このような，台地面の平坦性は，シラス台地に限らず，国内外のほかの（とくに規模の大きい火砕流に関係した）火砕流台地の場合でも，一般的に見られる地形的特徴である．

なお，前章で述べたように，古くにはシラスを海底の堆積物とする考えがあったが，その根拠の一つとされたのはこのシラス台地面の平坦性である．また，海岸付近に分布するシラス台地の中には，かつては海岸段丘と考えられたものもある．

6.1.2 台地面の傾斜

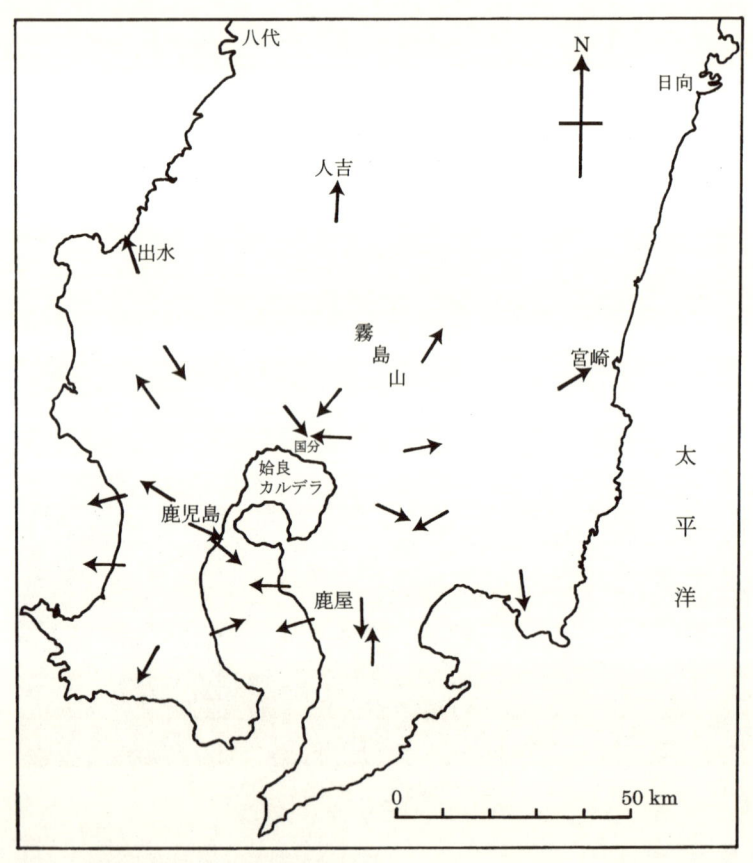

図23 各地のシラス台地面の傾斜方向
シラス台地面は，それぞれ矢印の尾の地点で矢印の方向に傾斜している．

笠野原のような典型的なシラス台地面上に立てば，きわめて平坦に見え，面の傾斜はほとんど感じないほどである．実際，ほぼ平坦面が広がる場所も部分的には存在する．しかし，シラス台地面は全体としてきわめて平坦であるといっても，一般的にはまったくの（水平な）平坦面というわけではなく，きわめて緩やかに傾いた平滑面というほうが正確である．すなわち，傾斜が約3度以内の緩やかに傾いた平滑面である．

台地面の傾斜は，台地面の高度分布から求められる．九州南部各地におけるシラス台地面の傾斜は，前述した（第4章）シラスの高度分布の特徴から明らかなように，姶良カルデラを中心に一様に外側へ傾斜する規則的な傾向を示さず，地域ごとにさまざまな方向に傾いている（図23）．いくつかの地域には，姶良カルデラ（シラスの噴出源）のほうへ向かって傾斜（傾き低下）している（"逆傾斜"した）台地面すら存在する．このような不規則な台地面の傾斜は，前述したように（第4章），それぞれの地域におけるシラスの基盤地形の不規則な傾斜の特徴を反映したものである．

6.2　シラス台地崖

6.2.1　台地崖

シラス（台地）というと，シラスの崖崩れを連想する人も多いと思われる．確かに，シラス台地縁辺には，高さ数十メートルもの崖や急斜面が各所に見られ，ここでは豪雨などの際にしばしば崖崩れが発生する．このような急斜面がシラス台地崖である．

台地崖は，常に"崖"をなしているわけではないが，一般には急斜面をなす．この急斜面は，流水によるシラスの侵食や斜面崩壊などの侵食・削剥過程で生じた地形である．台地崖は，自然林ないしは人工林であることが多く，台地周辺の低地側から見れば"山"であり，とくに台地崖下の住民にとっては"裏山"になる．なお，台地崖の下方に台地崖の崩壊などによる物質が堆積して生じた緩傾斜地（崖錐，talus）が存在する場合や，何段かの河成段丘（河岸段丘）が存在する場合などもある．

6.2.2　台地崖の構成物と高さ

シラス地域を流れている河川は，すべてシラスの中だけを流れているわけで

はない．実際には，シラスの下位にある（入戸火砕流堆積物の）溶結部内や，さらにその下位にある基盤岩まで削り込んだ低い位置を流れている場合が多い．したがって，シラス台地崖といっても，そのすべてがシラスで構成されているとは限らず，台地崖の下部はシラス以外の物質で構成されている場合が少なくない．このため，シラス台地崖の高さは，シラスの厚さより低い場合から高い場合まで多様である．例えば薩摩半島の鹿児島市北西部から西方の伊集院町ならびに松本町東部一帯に広がるシラス台地の台地崖の高さは，約70 mから100 mに達する．また，大隅の笠野原台地では，北部で約80 m，南部で数十メートル以下の高さの台地崖がみられる．これらの地域では，低地面がほぼシラスの基底（シラスの基盤との境界）付近のレベルに位置している．すなわち，これらの地域では，シラス崖の高さとシラスの厚さはほぼ一致している．したがって，これらの地域のシラス崖は，ほとんどが文字通りシラスで構成されている．一方，鹿児島湾北方の国分市にある春山原，須川原，平野原などのシラス台地では，高さが百数十メートルに及ぶ台地崖が発達している（図2）．しかし，この台地崖はすべてがシラスで構成されているわけではなく，台地崖上部の厚さ最大約80 m以下の部分のみがシラスであり，それより下部は，入戸火砕流堆積物の溶結部や別のいくつかの火砕流堆積物などで構成されている．

6.2.3 台地崖の傾斜

シラスで構成される急斜面（崖）の傾斜角については，従来，いくつかの計測例がある．この傾斜角は，崖の成因によって異なっている．

例えば崩壊によって生じる崖，すなわちもともとあった急斜面の表層部が崩れて，その崩れた後に残される新たな斜面（口絵Bの上部）の傾斜角は，ほぼ50度前後であるという計測例がある（Matsukura et al., 1984）．一方，シラスの崖下を流れる河川が崖の基部を側方へ削り込むことで，その上部の崖が崩落すると傾斜が75～90度の急崖ができることが指摘されている（三木，1952）．これと同様な崖基部の侵食は，シラスの崖に海の波が届けば起こりうる．現在，シラスの崖の基部が海の波に直接さらされている場所は，きわめて限られており，私の知る限りでは，鹿児島湾東岸の古江と大隅の志布志港付近の海岸の2カ所のみである．薩摩半島西岸の吹上浜に面した江口付近，鹿児島湾西岸の喜入の海岸，鹿児島市南部の紫原東端崖，志布志湾岸などには，海に面して急崖が発達しているが，これらはいまより6千年前頃を中心とする高海面期すなわち

海面が現在より2m程度高かったと考えられている"縄文海進"期に生じた海食崖（かいしょくがい）が残存しているものと考えられる．

シラス台地面を流れてきた流水が，台地崖の急斜面を流れ下るような場合，その流水（落水）は，シラスを鉛直方向に削り込む．このような落水による侵食では，シラスの中に鉛直に切り立った壁をもつ縦の溝が生じ，谷壁の傾斜は80〜90度にも達する（西・木村，1952；口絵D）．

シラス地域には各地に，屈曲してのびる峡谷状の小規模な侵食谷すなわちガリー（gully，掘れ溝）が発達している．ガリー壁は，数十メートル以上の高さに及ぶものもあり，全体として切り立った急斜面をなし，オーバーハングしている場合も少なくない．一般に，ある地点のガリー壁は，壁面全体が単一の勾配をもつ単調な斜面ではなく，勾配を異にするいくつかの部分で構成されている（図24）．

シラスを刻むガリーは，落水による侵食，ガリー床を流れる流水による侵食，

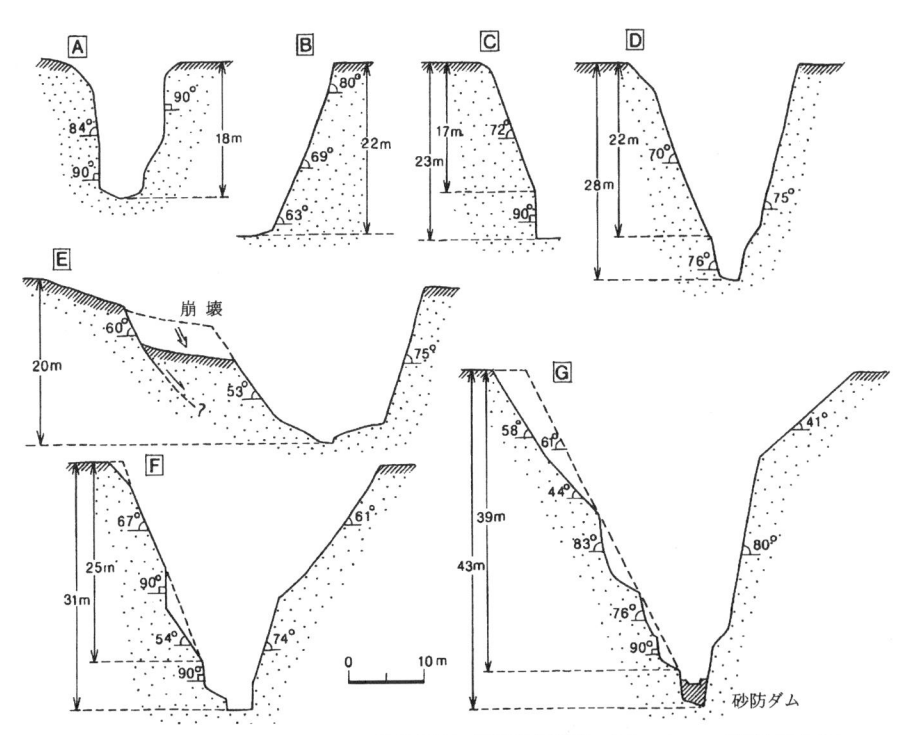

図24 国分付近におけるシラスの谷壁斜面の断面と傾斜角（Matsukura，1987bによる）
各断面図の位置は図2に示す．シラスを覆う斜線部は火山灰・土壌層．

およびガリー壁の崩壊などで拡大・成長していく．落水による侵食は，ガリー頭（上流端）で起こり，この落水による侵食で，ガリーは鉛直崖を生じつつ上流へ伸長する．一方，ガリー床では，蛇行して流れる流水によってガリー壁基部が側方に洗掘され，ノッチ（notch；オーバーハング部を伴う窪み）がしばしば生じる．ノッチの天井部のシラスは剥落しやすく，また，ノッチが成長すればその上方のガリー壁は崩壊し，新たなガリー壁が生じる．シラスは，流水による侵食を著しく受けやすく（前述），また，崩壊しやすいため，ガリー壁の各所でさまざまな形状の侵食や崩壊が進み，このような過程を経て，上述した傾斜を異にするいくつかの斜面で構成されるガリー壁が形成されると思われる．

これまで述べてきたように，シラスで構成される斜面はその成因によって傾斜が異なり，しばしば数十度以上の急斜面をつくることが特徴である．このようなシラスの急斜面も含めて，一般にある物質がある斜面を形成する場合，その斜面が自立しうる高さには限界値があり，その値は斜面構成物の物性（粘着力やセン断抵抗角などが関与する"強度"）に依存する．すなわち，より強度の大きい物質は，より高い急斜面を形成し得る．図25は，強度を異にするいくつかの物質がつくる斜面の勾配と高さの限界値との関係を，各物質の物性を考慮して計算した結果を示したものである．この図から，一般に斜面の高さの限界値は，斜面勾配の増大に伴い急激に減少することがわかる．シラスの場合，傾斜60数度の斜面なら約100mの高さにまでなり得るが，70度の斜面になると50数メートルにまで減少し，鉛直崖の場合の限界高さは約16mである．すなわち，通常のシラスは，高さ約16m以上に及ぶ鉛直崖を生じることはないということになる．ただ，これはシラスの自然斜面に関することであり，井戸などのような特異な条件下では，これよりはるかに高い"鉛直崖"が存在する．例えば笠野原台地北部（鹿屋市新堀）には，150年ほど前にシラスの中に掘られた深さが83mにも及ぶ円形（直径約95cm）の素掘りの深井戸が現在でも残存している．

上述したシラス台地崖の傾斜の特徴は，いずれもシラスで構成される急斜面に関するものである．先述したように，シラス台地崖下部は，シラス以外の物質，とくに入戸火砕流堆積物の溶結部やほかの溶結凝灰岩類（岩戸・阿多・加久藤火砕流堆積物など）で構成されている場合が少なくない．これらの溶結凝灰岩は，しばしばほぼ鉛直な崖をなす．これは，溶結凝灰岩が侵食・削剥され

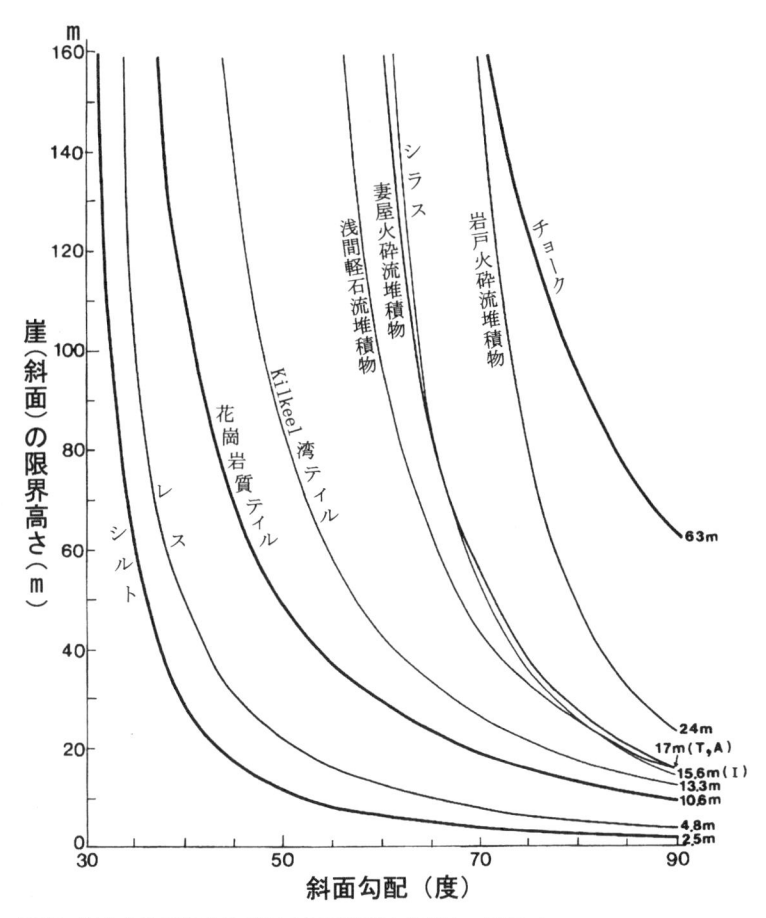

図25 種々な物質による斜面の限界高度と傾斜との関係（Matsukura, 1987aによる）
ティル（till）は氷成堆積物．T, A, I は，それぞれ妻屋火砕流堆積物，浅間軽石流堆積物，入戸火砕流堆積物（シラス）を示す．

る際には，一般に溶結部に発達する柱状節理面を境に剥離・剥落が進むため，ほぼ鉛直な節理面が露出していることによる．このような溶結凝灰岩の鉛直崖の崖下には，崖から崩落した溶結凝灰岩塊や岩屑が堆積して生じたやや緩やかな斜面すなわち崖錐がしばしば認められる．このような地形の場所では，急崖と崖錐上における植生や土地利用の差異がよく見られる．すなわち，急崖上は一般には自然林で秋には紅葉する樹木が多く見られるのに対して，崖錐上は杉の人工林であることが多い．

第7章　シラスの堆積過程

　前章までに，火砕流堆積物としてのシラスの性状やシラスがつくる地形の特徴などについて述べた．しかし，そもそも火砕流とは何かという点については，とくに言及しなかった．これまでに述べてきたシラスやシラス台地の地形的特徴などは，すべてシラスが火砕流堆積物であることを反映したものであり，また，逆にそれらの特徴は，それを生じた火砕流自体の性質を知る上での重要な情報でもある．本章以降では，シラスがそもそも火砕流として堆積するまでの過程，および堆積して以降，現在に至るまでの期間にたどった変遷にかかわる歴史的な側面について考えてみる．まず本章では，シラスを生じた火砕流の運動機構や堆積過程などが一体どのようなものだったのかという，火砕流の性状について考えてみる．

7.1　巨大火砕流

　火砕流という言葉ですぐ思い出されるのは，1990〜1995年に長崎県の雲仙普賢岳で起きた噴火の際に生じた火砕流であろう．この時の噴火では，我々現代人の面前で火砕流がくり返し発生し，それまでは火山学者などの限られた人にしか知られていなかった"火砕流"という用語が広く一般に普及定着し，また，多くの犠牲者や被害を生じたということで，火砕流の恐ろしさも認識された．
　普賢岳では，成長しつつある溶岩ドームの一角が崩落して火砕流が生じ，山腹斜面を高速で流れ下った．その流下距離は，最大のもので5km余りであった．普賢岳のこの火砕流は，災害を生じたこともあって，新聞などでは"大（規模）火砕流"と表現された．しかし，この普賢岳の火砕流は，規模の上では，火砕流としては実は最も小規模の部類に属するのである．そこでまず，火砕流の規模の問題から考えてみる．

火砕流の規模は，火砕流の流下（ないしは到達）距離，火砕流堆積物の分布域の面積，堆積物の量（体積）などを指標（尺度）として定義できる．これらの規模を示す指標のうち，距離と面積は感覚的にも理解しやすいので，とくに説明の必要はないであろう．しかし，体積については，数値そのものの"理解"はともかくとして，その量に対する"実感"が湧かない面があると思うので，具体例を挙げて説明する．

通常の日常生活に関する限り，我々が必要とする体積の単位は，立方センチメートルやリットル，立方メートルなどである．しかし，大規模な火砕流堆積物の量をとらえる場合，これらの単位をそのまま使うとあまりにも大きな桁の数字になるので，通常は，立方キロメートルという単位を使う．すなわち，縦，横，高さがいずれも1 kmのマスを単位として量を測る．この1 km^{3}という量は，縦，横，高さがそれぞれ1 kmと考えるだけなら理解は容易である．しかし，これがいかに大きな単位の量であるかは，慣れないと実感が湧かないであろう．古くから，大量のものを測るマスとして，それぞれの時代における国内最大の建造物がひきあいに出されてきた．例えば古くは東京の丸ビルであり，続いて霞ヶ関ビル，東京ドームと変わり，最近では福岡ドームがマスによく使われる．このマスで測れば，年間のビール消費量は何杯分になるなどという見積もりが，よく報道される．福岡ドームの容積は，約180万立方メートルと言われる．これは，km^{3}を単位として表せば0.0018 km^{3}となり，1 km^{3}の1/1000のオーダーで

表3　堆積物量の比較

規模	堆積物量（体積）	例
大 ↑	10^3 km^3 （1000 km^3）	入戸火砕流，阿蘇（Aso-4）火砕流
	10^2 km^3 （100 km^3）	
	10^1 km^3 （10 km^3）	ピナツボ火山火砕流（1991年）
	10^0 km^3 （1 km^3）	雲仙普賢岳溶岩噴出量（1990−95年）
	10^{-1} km^3 （1億m^3）	
	10^{-2} km^3 （1000万m^3）	（福岡ドーム：$1.8×10^{-3}$ km^3）
	10^{-3} km^3 （100万m^3）	雲仙普賢岳火砕流
小 ↓	10^{-4} km^3 （10万m^3）	

ある．このことからも1 km³がいかに大きな量であるかがわかるであろう．シラスの総量は，数百立方キロメートル，すなわち10² km³のオーダーである．一方，普賢岳で生じた一つの火砕流の量は，最大のものでも50万〜100万立方メートル程度であり，これは福岡ドームの容積にも及ばない（表3）．このことから，大規模な火砕流がいかに巨大かということ，逆に，これに比べると普賢岳の火砕流がいかに小さいかということが理解できるであろう．したがって，普賢岳の火砕流に対する"大規模火砕流"という新聞などの表現が，火砕流全体からみたら，不適切なことも了解されよう．

　シラスを生じたほどの規模の大きな火砕流は，従来，"大規模"または"大型火砕流"と呼ばれてきた．近年では，この呼称よりもよりいっそう"大規模"な感じを表す"巨大火砕流"という表現のほうがよく使われるので，本書でもこの用語を使用する．

7.2　入戸火砕流：シラスを生じた巨大火砕流

　シラスは，姶良カルデラを中心として半径約90 kmに及ぶ遠距離にまで広がって分布しているが，このように広域に到達した火砕流の"流れ"とはどのようなものだったのであろうか．火砕流は，"重力を原動力として流下する"とか，"火砕流の運動状態はナダレに似ている"などとか言われる．このような火砕流の運動（"流れ"）に対しては，火砕流が"流れる"（広がる）土地の状況すなわち基盤地形の起伏形態がきわめて重要な意味をもつ．これは，川の流れが河床や川岸の形状に規制されるのと同様である．普賢岳の火砕流は，火山体の山腹と山麓の斜面上を，いわばすべり台上をすべり降りるように"流下"した．火砕流が"流れる"場所が，このように比較的単調な山体斜面上や平原のような平坦地上なら話は簡単である．ところが，シラス地域の場合は，火砕流の到達範囲が広域に及ぶため，事情がまったく異なる．シラスを生じた入戸火砕流の到達範囲は，姶良カルデラを中心とする半径90 km以上にも及ぶ九州南部全域を含み，ここには，入戸火砕流が"流れた"当時，高さ1,000 m以上にも及ぶ山地，盆地や深い谷などが各所にあり，全体としてきわめて起伏に富む複雑な地形が存在していた（前述，第3章）．したがって，入戸火砕流は単純に"流下"したとは言えないのである．これまで，入戸火砕流が"広がった"という表現をしてきたのはこのような理由による．このような複雑な起伏の場所

で，入戸火砕流がどのような振る舞いをして広がったのかということは，火砕流の研究者にとっては，最も興味深い問題の一つである．これについては，シラスの分布の特徴に注目するだけでも，次に述べるような重要な性質が読みとれる．

　ここで，熊本県南部にある人吉盆地とそこに分布するシラスに注目してみよう．人吉盆地は，北側を九州山地，南側を熊本県と鹿児島県および宮崎県堺沿いにのびる国見山地などで挟まれ，始良カルデラからは約60 km北方へ離れた位置にある．盆地内には，人吉市を中心にシラスが分布し，台地をつくっている場所もある．このシラスは，もちろん，始良カルデラすなわち南方からやってきた入戸火砕流堆積物である．ところが，人吉盆地の南側すなわち熊本県と鹿児島県および宮崎県の県境沿いには，標高700 m内外の国見山地とそれに続く山地が東西方向に連続して聳えている．この山地は，シラスが堆積する以前から存在していた古い山地である（前述，第3章）．したがって，人吉盆地内にあるシラスを堆積させた入戸火砕流は，この山地を越えて人吉盆地に進入したことになる．国見山地の稜線の高度は最低所でも標高約650 mはあるので，入戸火砕流は少なくともこの高度を通過したということになる．国見山地は，始良カルデラから約50 kmの距離にあるので，入戸火砕流は，噴出源から50 kmも離れた所でも，650 mの高所を越える能力があったということになる．

　このように，入戸火砕流が山地高所を越えて広がったと考えられる場所は，実は九州南部各地に，まだ何カ所も見出される．このうちとくに注目されるのは，霧島火山の大浪池である．大浪池は，霧島火山の中程に位置する美しい火口湖であり，始良カルデラからは三十数キロメートル離れた位置にある．火口湖の水面高度は1,239 m，火口湖をとりまく火口縁の高度は，南西部の最低所で約1,295 mである．実は，この火口湖のほとりに少量ながらシラスが見つかっている（岡田・横山，1982）．このことは，二つの重要なことを物語ってくれる．その一つは，大浪池火口が，入戸火砕流の噴火年代である2万5千年前以前から現在とそれほど変わらない姿で存在していたということであり，もう一つは，入戸火砕流が少なくとも約1,300 mの高所を通過して，大浪池火口内にシラスを残していったということである．

7.3　巨大火砕流の性状

　火砕流が，噴出源から数十キロメートル以上も離れた遠隔地で，高さ数百メートル以上もの山地を越えて広がったと思われる事実は，上述した入戸火砕流の場合に限らず，ほかの巨大火砕流についても知られている．そのもう一つの例を，阿蘇火砕流について見てみる．

　阿蘇火砕流（より正確な表現は，Aso-4火砕流）は，約9万年前に生じた，日本では最大級の巨大火砕流であり，この火砕流噴火に伴って現在の阿蘇カルデラが生じたと考えられている（小野・渡辺，1983）．この火砕流堆積物は，中・北部九州の全域のみならず，中国地方（山口県）にまで広がって分布しており，現在知られている最遠方の分布地は，阿蘇カルデラからは約160 kmも離れた山口県山口市付近である（松尾，1984）．

　いま，阿蘇カルデラの南方地域に注目すると，阿蘇火砕流堆積物は，1,000 m以上もの起伏をもつ急峻な九州山地の谷底付近の各所で分布が認められる．このうち，人吉盆地から九州山地内へ北方にのびる川辺川（球磨川の最大の支流）の河谷に注目すると，阿蘇火砕流堆積物は，この川辺川の河谷沿いに点々と分布し，さらに南方の人吉盆地内にも広く分布している．一方，先述したように，人吉盆地内ならびに川辺川の河谷内には，シラスも分布している（図10）．すなわち，この地域では，シラスと阿蘇火砕流堆積物が共存している．シラスと阿蘇火砕流堆積物の両者が同時に見られる場所では，もちろん，堆積年代が新しいほうのシラスが阿蘇火砕流堆積物の上に重なっていることは言うまでもない．

　図26は，阿蘇カルデラから南方の九州山地（川辺川沿い）を通り，人吉盆地を経て，さらに南方の始良カルデラに至るほぼ南北の区間を，概念的に地形断面図で示したものである．この図を見れば，入戸火砕流が人吉盆地の南側の国見山地を越えたのとまったく同じことが，阿蘇火砕流の場合でも起こったことが容易にわかる．すなわち，阿蘇カルデラから30 kmほど南下すると，標高1,000 m以上に及ぶ九州山地に達する．川辺川の河谷沿いや人吉盆地内に分布している阿蘇火砕流堆積物は，明らかに阿蘇火砕流がこの九州山地を越えて川辺川の流域に進入したことを物語っている．

　入戸火砕流や阿蘇火砕流の例からも明らかなように，巨大火砕流は，途中に

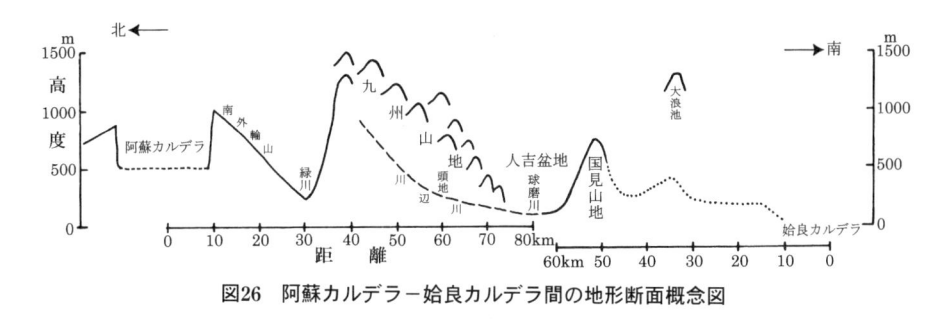

図26 阿蘇カルデラ－姶良カルデラ間の地形断面概念図

　数百～1,000 m以上もの高さの山地があってもそれを乗り越えて進み，噴出源から100 km以上にも及ぶ広域に広がるほどの勢力をもっている．

　火砕流堆積物と旧地表（基盤）との接触部を露頭で観察すると，旧地表が"軟らかい"土壌や軽石層などの場合でもとくに乱れが認められないことから，火砕流が旧地表を乱すことなく，その上に"おとなしく"堆積（"軟着地"）したと考えられる場合が少なくない．一方では，火砕流堆積物の中（とくに下部）に，樹木が横倒しの状態で含まれていることもあれば，また，明らかに付近の旧地表から取り込まれたと思われる土壌の塊や石質岩片が見出されることもよくある．例えば阿蘇火砕流堆積物の中には，佐賀県上峰町（阿蘇カルデラから北西へ約80 km離れた地点）で，最大のもので根元径が1.5 m，長さ22 mもの巨木を含む多数の樹幹が横倒しに埋もれているのが発見された（下山ほか，1994）．また，姶良カルデラから北方へ七十数キロメートル離れた九州山地内のシラスの中に，付近の旧河床から取り込まれたと思われる直径16 cmの砂岩の円礫を見たことがある．また，さらにその北方の熊本県五木村平野（姶良カルデラから約90 km）では，シラスの中に拳大の砂岩や頁岩の角礫が多数含まれており，これらの礫は明らかに付近の旧地表から取り込まれたことを示している（前述，第4章）．このような事実は，火砕流が，巨木をもなぎ倒して進み，また，流走中に地表からかなりの物質を取り込む作用があることを示している．

　上述したことは，野外に残された事実から判断される火砕流の性質の一端を示すにすぎない．火砕流については，少し考えただけでも，気になることや知りたいことが数限りない．例えば火砕流が途中にある高い山地を乗り越えて進むといっても，具体的にどのような運動状態なのであろうか．ジェットコースターのように地面に沿って"野越え山越えて"流走したのだろうか．それとも，

ホバークラフトや，水中翼船が水面から多少浮いた形で進むように，地面とはあまり摩擦を生じないような機構も働いていたのだろうか．山を越えるような火砕流の流走時の厚さや密度，速さなどは，実際にどのくらいだったのだろうか．また，途中に湖や海などがある場合，火砕流はどのような挙動をするのだろうか．このような火砕流の最も基本的な性状に関する疑問点については，断片的な事実に基づく種々の議論があるが，火砕流の全体像が具体的かつ詳細にわかっているわけではなく，今後に残された研究課題は山積していると言ってよい．

第8章　シラスの堆積地形

　シラスが堆積したのは，今から約2万5千年前である．この頃の気候は，現在とはかなり違っていた．当時は，とくに北半球全体は今よりも平均気温で5〜10℃程度も低い寒冷な気候に支配され，現在では氷河が存在しない北ヨーロッパや北アメリカ大陸の北半部などの広大な地域を覆って大陸氷床が発達していた氷河時代（氷期）の最中である．この氷期は，7万年ほど前から1万年前頃までの期間にわたっており，この間，気候は寒暖の変動を繰り返し，とくに氷期も終わりに近い約2（〜1.8）万年前頃が最も寒冷な時期であったと言われている．

　氷期には，陸上に大規模の氷河（氷床）が発達することに伴って海水量が減少するために，海面が低下する．この海面の低下量は，2万年前頃の最も寒冷な時期に最大に達し，当時の海面は現在よりも120 m程度低かったと考えられている．海面が低くなれば，その分だけ陸地が広がるため，当時の海や陸地の分布状況（古地理）は現在とはかなり異なっていたことになる．

　本章では，まず九州南部におけるシラスが堆積した頃の気候環境と古地理について述べ，次いで，シラスの堆積当初の地形（原地形）の特性について考え，さらに，シラスの堆積年代に関する研究史についてもまとめてみる．

8.1　シラスが堆積した頃の気候と古地理

　九州の気候は，シラスが堆積した当時の2万5千年前頃，実際にどうだったのだろうか．2万5千〜2万年前頃の九州には，この時期に堆積した地層の中に保存されている当時の植物花粉の分析結果から，コナラ亜属やブナ，カバノキ属，クマシデ属，シナノキ属などを主とした落葉広葉樹林（夏緑林）が発達していたと考えられている（Hatanaka, 1985）．現在，九州地方の大半の地域

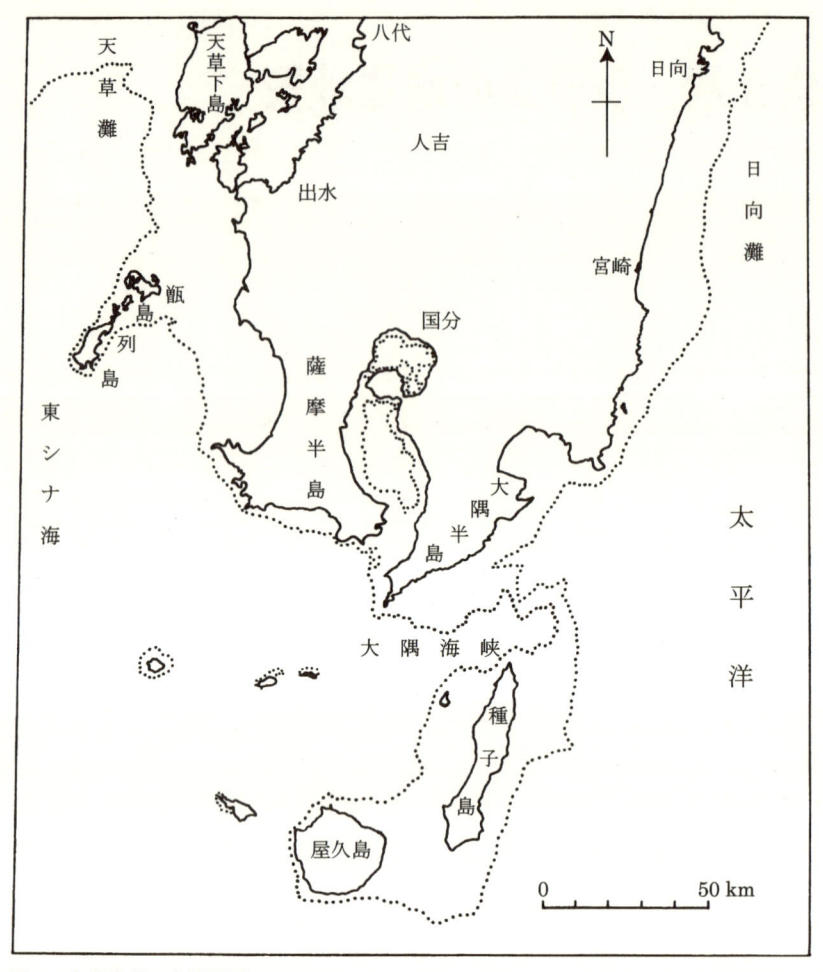

図27　九州南部の古地理図
　点線は，1：1,000,000国際図（CARTE INTERNATIONALE DU MONDE AU 1：1,000,000, SOUTH JAPAN, 1994, 国土地理院）による水深100 mの等深線の位置．

は照葉樹林帯に属し，夏緑林は中部地方以北の本州の大部分の地域を占めている．気候的には，九州の照葉樹林帯は暖温帯に属するのに対して，夏緑林帯は冷温帯に属している．したがって，シラスが堆積した頃の九州は，今よりは寒冷な冷温帯の気候下にあったということになる．

　一方，2万5千年前頃の海面の位置（海水準）に関しては，必ずしも正確にわかっているわけではない．上述したように，2万年前頃の最寒冷期における海面は，現在よりも120 m程度低かったと考えられているが，2万5千年前頃

の海面はそれよりは数十メートル高かったようである．海面がいまよりも100 m近くも低かった当時には，現在の大陸棚（水深約200 m以浅の海底部）のかなりの部分が陸地であったことになるので，当時の古地理は，今とはかなり違っていたはずである．図27は，現在の海底地形図に基づいて，海面を単純に100 m下げた場合の海陸の分布状態を示したものである．シラスが堆積して現在に至る2万5千年間における海岸侵食量や海底における堆積物の堆積量，地盤運動による変位量などの具体的な見積もりが困難なので，ここでは，2万5千年前の海陸分布が図27に示すとおりであったと単純に仮定して考えてみる．図27によれば，現在と比べて陸域が著しく広がり，また，その海岸線の形状も著しく異なる．当時の海岸線は，現在の海岸線よりもそれぞれ太平洋側では10～20 km，東シナ海側では20 km以上も沖合にあり，現在よりもはるかに広い陸地が広がっていたことになる．例えば九州南部西方の甑島列島から北方の天草諸島にかけては，すべて現在の九州本土と地続きの陸地であった．また，南方洋上の種子島と屋久島は互いに地続きの陸地を形成しており，さらにこの陸地は，現在の大隅海峡部に細長く伸びる"陸橋"を介して大隅半島とも繋がっていたようになっている．ただ，これは，等深線が幾分大まかに，すなわち微小な凹凸をならして接峰面図的に表現されているために生じた"陸橋"であり，より詳細な海底地形図によれば，ここは実際には浅海であったようである．いずれにせよ，シラスの堆積当時は陸地であったこれらの地域は，その後の海面上昇で海面下に没してしまっていることになる．

8.2 シラスの原分布

図3で示したシラスの分布は，現在の陸上部におけるシラスの分布である．ところが，シラスは，約2万5千年前の昔に堆積したものであるので，現在までの間に侵食されて海へ運び出され，陸上からは消失したものが相当量ある．一方，上述したように，2万5千年前頃は，海面が現在よりも100 m近くも低い位置にあったと考えられるため，当時の陸地は現在よりもはるかに広く，その（現在では海面下にある部分も含めた）広い地域にシラスは堆積したのである．この2万5千年前の海陸の分布状況や侵蝕で消失した分のシラスを考慮に入れて，堆積当初のシラスの分布（以下，原分布と呼ぶ）がどのようであったかということは，最も基本的な問題の一つと言える．

シラスの原分布に関して問題になるのは，言うまでもなく，現在はシラスが分布していない場所である．すなわち，ある場所に現在シラスが分布していない場合，もともとそこにシラスが堆積しなかったからなのか，それとも当初はシラスが堆積したが，その後侵食されたためなのかということである．先述したシラスの分布範囲内（半径90 km圏内）の地区なら，現在シラスが分布していない場合でも，周辺地域におけるシラスの分布状況を考慮することで，当初はそこにシラスが在った（が，その後侵食で除去された）のか否かは，おおよそ見当がつけられる．しかし，分布圏外の地域におけるこの問題については，確かな議論は容易ではない．すなわち，現在堆積物が見出されない地域で，当初はそこにシラスが在ったもののその後の侵食で消失したことを断定することは困難である．例えば前述したように，現在知られているシラスの最遠方の分布地は，姶良カルデラから北方へ約90 km離れた九州山地内の熊本県五木村である．しかし，ここのシラスが火砕流の到達限界（末端）の堆積物かというと，そうとは考えられない．実は，この地点におけるシラスの厚さは約35 mにも及び，このシラスが火砕流の末端の堆積物とはとうてい考えられない．シラスを生じた火砕流は，おそらくこの地点よりさらに北方へ進み，川辺川流域の北隣にある氷川や緑川の流域内にまで到達した可能性が大きいと考えられる．しかし，これらの流域では，これまでシラスは見つかっていない．したがって，シラスを生じた火砕流は，当初は90 km圏のさらに北側遠方の地域にまで到達分布したことは確かであると思われるが，シラスそのものが見出されていないので，その確かな到達範囲や（その地域に堆積したと思われる）シラスの特徴などの詳細な議論はできないのが現状である．

　四国南西端付近にある高知県宿毛市には，入戸火砕流の噴火に伴って広域に堆積した火山灰（姶良Tn火山灰，略称"AT"，町田・新井，1976）が見出されている地点がある．ここでは，厚さ約35 cmのATのうち，下部に径数ミリメートルの軽石粒を含むあまり淘汰の良くない火山灰層（厚さ約15 cm）があり，平行ラミナ（横縞模様）が認められ，径数ミリメートルの炭化木片が含まれているという（河合・三宅，1999；河合，2001）．このような特徴は，この火山灰層が火砕流の末端の堆積物であることを強く示唆する．この地点は，姶良カルデラからは宮崎平野や日向灘を隔てて，北東方向へ約230 kmの距離にある．現在，宮崎平野では，一ツ瀬川下流部の西都市付近（姶良カルデラから約80 kmの距離）にまでシラスの分布が認められるが，宿毛市はここからさらに

海を隔てて約150 kmも遠方に位置していることになる．現在の日向灘のシラス堆積当時における古地理は，大勢としては前述したように，現在の海底地形図に基づきこれより海面を約100 m低くした状態を想定すればよいであろう．すなわち，この地区はシラスの堆積当時，海抜100 m以下の低地と海からなる土地であったということになる．このような土地は，火砕流が"流れる"上でとくに障害となるものはなく，火砕流はきわめて広がりやすかったであろう．このようなことから，入戸火砕流は宮崎平野からさらに日向灘に進み，その末端部が四国南西端地域にまで到達した可能性が大きいと考えられる．

　一方，現在の海域部（シラスの堆積当時は陸地であった部分）におけるシラスの原分布に関しては，具体的にはほとんどわかっていない．しかし，シラスは当初，現在の海域のかなり沖合にあたる部分まで広がっていたことは確かである．現在，大隅の志布志湾沿岸，鹿児島湾東岸の垂水や西岸の喜入付近，薩摩半島西岸の吹上浜にある江口付近など，いくつかの場所には，海に面する高さ数十メートルのシラスの崖が分布している（前述，第6章）．これらの崖は，シラスがその堆積当初は，現在の海域の沖合へ向かって連続して分布していたことを明らかに物語っている．

　現在の海域部に堆積したこれらのシラスは，その後，海面の上昇に伴って海岸侵食を受け，おそらく大半が消失した可能性が大きいと思われる．しかし，一部には海岸侵食を免れ，そのまま海面下に没しているものもあるかもしれない．例えば熊本県天草郡御所浦島の北東部の八代海海底には，海面下50 m内外の位置に厚さ10 m以下のシラス（"入戸火砕流堆積層"）があることが，音響探査機による海底地質調査によって知られている（嶋村，1994）．このシラスは，もともとそこ（当時の陸上）に堆積したものが，その後，陸上および海岸侵食を免れてそのまま海面下に没したものである可能性とともに，上流の球磨川流域から運ばれてきて再堆積した二次的なものである可能性も考えられる．したがって，このシラスについては，今後さらに検討する必要があると思われる．

　いずれにせよ，九州南部周辺の太平洋，東シナ海，鹿児島湾などの海底下には，陸上侵食および海岸侵食によってもたらされた明らかな二次的なシラスを主体とするシラス関連堆積物が大量に分布しているはずである．これらの堆積物の詳細な分布状況については，今後明らかにされることが期待される．

8.3 シラスの堆積地形

　火砕流の"流れ"が停止（定着）すれば，そこにはその堆積物による新しい地形ができる．この新たな地形は堆積地形であり，その表面を堆積面と呼ぶ．このような初生的な堆積地形は，その後の一連の地形変化の出発点になるという意味で原地形とも呼び，その表面を原面と呼ぶ．原地形は，おもに流水の働きで侵食され，しだいにその姿を変えていく．原地形が侵食されて変形していくことを開析という．現在のシラス台地は，シラスの原地形が開析されて生じた地形なのである．

　シラス台地面は平坦であることが特徴であるが，この平坦な台地面は，基本的にはシラスの堆積面に相当する．すなわち，平坦なシラス台地面は，原地形の遺物である．したがって，各地に存在している平坦なシラス台地面を手がかりにすれば，開析前の状態すなわち堆積地形ないしは原地形の復元が可能である．

　図28は，残存する平坦なシラス台地面を基に，原地形の復元の仕方を模式的に示したものである．一般に，ある地域のシラス台地に注目すれば，近隣の台地面の高度は互いに近似している．隣接する台地と台地の間に発達している河谷は，シラスの原地形の開析に伴って生じたものすなわち開析谷である．したがって，この開析谷の部分を隣接する台地面の高さにまで埋め戻せば，原地形の復元ができることになる．河谷を埋積することで原地形の復元をするこの作業は，地形図上では等高線に関して埋積接峰面図を作成する作業に相当する．この復元作業には，平坦な台地面（堆積面）が残存していることが条件であり，台地面の残存程度の如何で，復元の結果に精粗が生じる．著しい開析の結果，原地形が失われ，シラスが僅かしか残存していないような場所では，正確な原地形の復元は不可能である．

　上述したことから，シラスの原地形の正確な復元には，各地に存在する堆積面の正確な認定がまず必要となる．一般に，火砕流の堆積面の認定には，堆積物の上面が侵食されていない（侵食地形でない）ことや，堆積物の上面に流水などで移動して再堆積した二次的堆積物が存在しないことなどの基本的事実の裏付けが必要である．しかし，堆積面上で，表層物質の削剥や堆積がまったく起きないことは一般的には考えにくい．実際，後述するように，堆積面上では

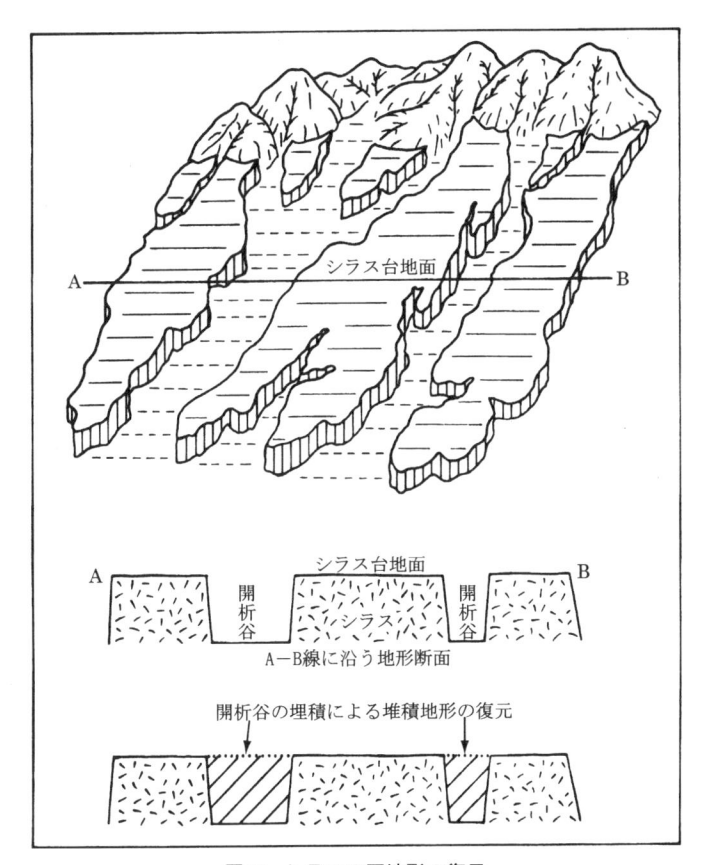

図28 シラスの原地形の復元

　流水による面的削剥やこれに伴う物質の再堆積が起こっている．堆積面の厳密な認定の際には，これらの削剥量（面的な低下量）や再堆積物の層厚などを考慮すべきことは当然である．しかし，これらの量の見積は必ずしも容易ではない．そこで，これらの量が数メートル程度以内で，原地形の変形量が僅少と判断され，とくに議論に差し障りがない限り，堆積物全体の上面を堆積面として扱う．

　なお，シラス地域では，時代や給源を異にする軽石や火山灰などの火山噴出物（テフラ，tephra）や土壌層（以下，"テフラ・土壌層"と表現）がシラスを覆って堆積している．このテフラ・土壌層は，堆積面の議論には，本来なら除外されるべきものである．しかし，テフラ・土壌層を常に除外するとすれば，あらゆる場所でその厚さを知る必要が生じ，きわめて厄介である．一方，テフ

ラ・土壌層は，厚さが数メートル以下で，シラスに比べてはるかに薄く，かつ，シラスの堆積面に平行して堆積している．このような場合，テフラ・土壌層の上面（地表面）は，シラスの堆積面の地形を忠実に反映していると考えても，堆積面の地形の議論に際してとくに不都合を生じない．そこで，実際には，テフラ・土壌層も含めた地表面をシラスの堆積面とみなす．

　姶良カルデラ周辺地域のうち，カルデラの東，北，西方の三地域（図29）では，シラス台地がまとまって広く分布している．図30，31，32は，この三つの地域における原地形の復元結果を示したものである．これらの図によれば，三地域における原地形の高度分布の特徴は互いに異なっている．まず，姶良カルデラ東方地域における原地形の高度は，姶良カルデラから（東方へ）離れるにつれてきわめて緩やかに低下し，東端部地域でわずかに高まる傾向を示している．これに対して，カルデラ北方地域の原地形の高度は，カルデラから遠ざかるにつれてきわめて緩やかに高まる傾向を示している．換言すると，この地域では前述したように（第6章），噴出源のほうへ向かってきわめて緩やかに傾

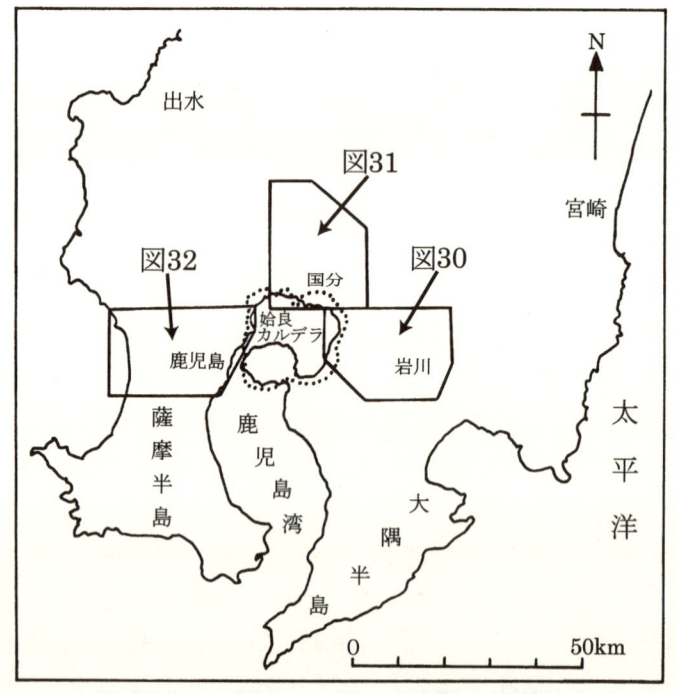

図29　姶良カルデラ東方・北方・西方地域の位置図
東方地域：図30，北方地域：図31，西方地域：図32．

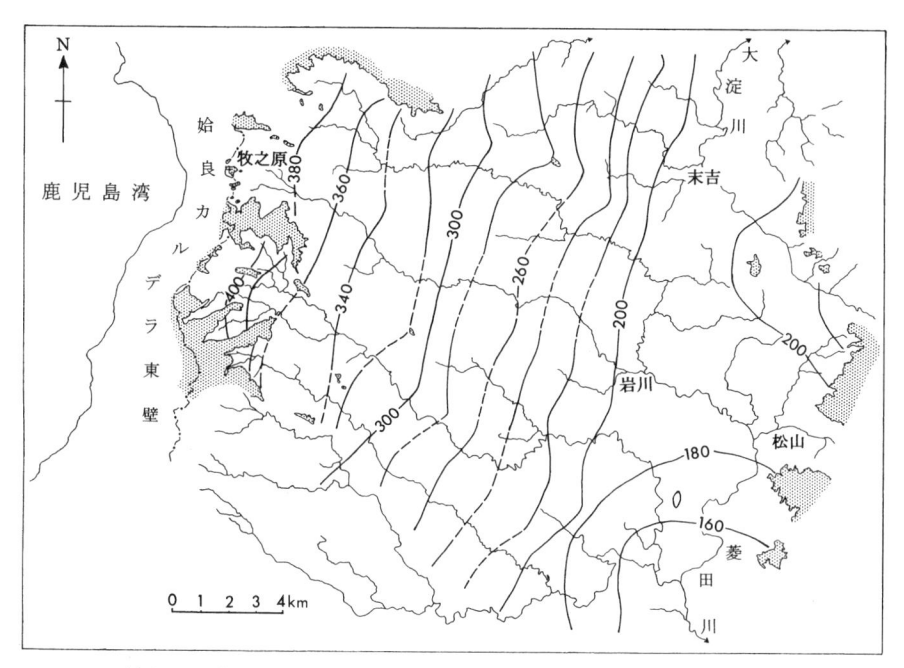

図30 姶良カルデラ東方地域におけるシラスの原地形の等高線図（横山, 1972による）
高度：m, 鎖線は主分水界, 砂目部は基盤山地.

いたシラス台地が広く発達している．一方，カルデラ西方地域における原地形は，中央部に高まり（分水界）があり，ここから東方（鹿児島湾側）へも西方（吹上浜側）へもきわめて緩やかに低下している．このように，原地形の高度分布の特徴は，地域ごとに互いに異なっている．しかし，原地形はいずれの地域でも，全体としてきわめてなだらかであるという点では共通している．このように，火砕流がまとまって広く堆積した地域における原地形は，一連のきわめてなだらかな地形すなわち広大な平原をなすという特徴がある．本書では，これを火砕流原（かさいりゅうげん）と呼び，シラスがつくる火砕流原をシラス原（げん）と呼ぶこととする．

一般に，形成直後の火砕流原は，傾斜が3度程度以下のきわめてなだらかな大平原であり，もちろん，一木一草もない死の世界である．なお，火砕流原の平坦性は，火砕流が基盤地形の起伏にあまり左右されることなくそれを埋め立てて堆積し，堆積物が独自の平坦面を形成する性質があることを意味している．これは，ちょうど，湖水面が湖底の起伏とは無関係に水平面をなすのと似ており，火砕流の著しい流動性を端的に示すものといえる．

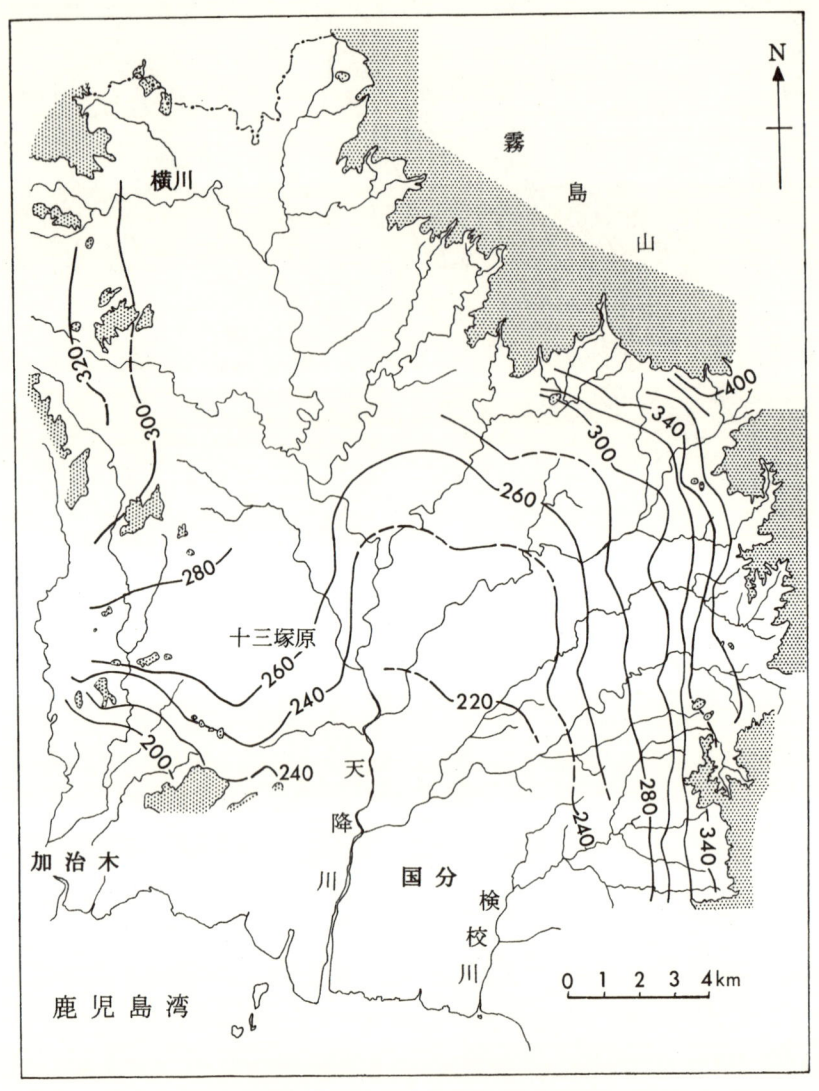

図31 姶良カルデラ北方地域におけるシラスの原地形の等高線図（横山，1972による）

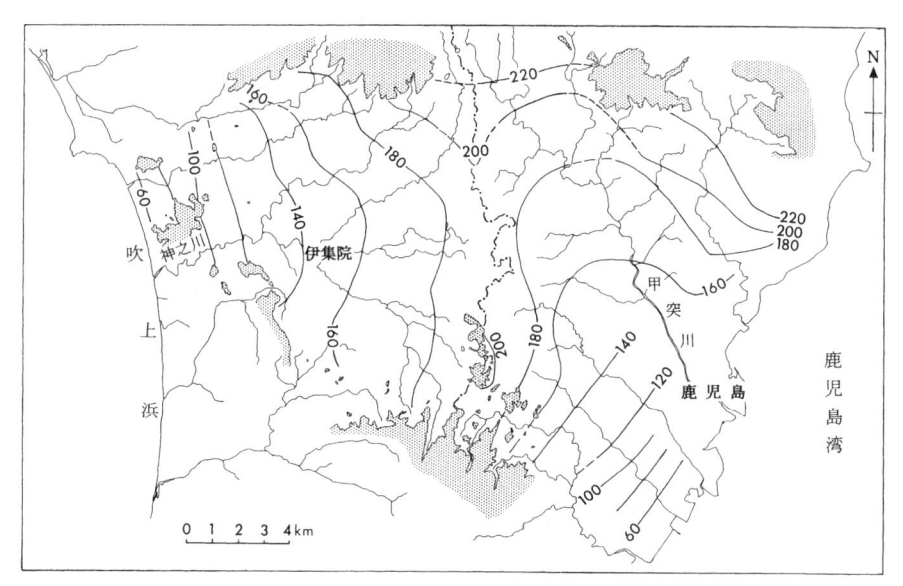

図32 姶良カルデラ西方地域におけるシラスの原地形の等高線図（横山，1972による）

8.4 原堆積面と溶結後堆積面

　火砕流堆積物で溶結作用が起きると，堆積物は圧密収縮する（前述，第4章）．圧密収縮するということは，堆積物の上面すなわち堆積面が収縮量の分だけ低下することを意味している．したがって，溶結部を伴う火砕流堆積物の場合，火砕流が堆積（運動が停止）したばかりでまだ溶結作用が起き始めていない段階と溶結作用が起きた後の段階とでは，堆積面の高度が異なる．

　姶良カルデラ北方地域では，前述したように（第4章），溶結部の厚さは最大約45 mに達し，この溶結作用に伴う圧密収縮量は約27 mである．すなわち，溶結作用に伴って堆積面が27 m低下したということである．溶結作用（圧密収縮）が，火砕流堆積後のどのくらいの期間で生じるかは厳密にはわからないが，数年以上に及ぶようなことはないであろう．いずれにせよ，入戸火砕流堆積後の短期間に27 mもの堆積面の低下があったことになり，これは無視できない大きな地形変化と言わなければならない．このことから，一般に溶結した堆積物の堆積地形に関する議論をする場合には，溶結に伴う地形変化（堆積面の低下）を考慮に入れる必要があると言える．そこで，この溶結前後の堆積面をそれぞれ原堆積面および溶結後堆積面と呼び，必要に応じて両者を区別する

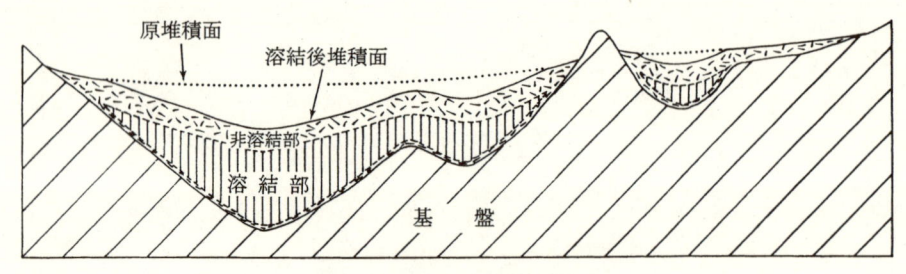

図33　原堆積面と溶結後堆積面

こととする（図33）．なお，図19のAおよびBは，それぞれ原堆積面および溶結後堆積面に相当する．

　火砕流の原堆積面は，前述したように，堆積物の下に潜在する基盤地形の起伏を無視するかのように，平坦な面であることが多い．このことは，堆積当初（溶結前）の堆積物の厚さは基盤地形の谷の部分では厚く，尾根の部分では薄いことを意味している．溶結作用は通常，堆積物が厚い部分のほうでより強く起きる．すなわち，基盤地形の谷部では尾根部に比べて溶結作用がより強く起きるため，圧密収縮量も大きくなり，その分だけ堆積面の低下量も大きくなる．換言すると，溶結作用は，基盤地形の起伏を反映した原堆積面の不等低下を引き起こす．したがって，全体的に平坦な原堆積面は，溶結作用の結果，潜在する基盤地形の起伏に対応した起伏をもつ堆積面すなわち溶結後堆積面に"変身"する（図33）．このように，溶結作用は，原堆積面にはとくに顕著に反映されていない基盤地形の起伏を，溶結後堆積面ではより一層顕在化させる効果がある．

8.5　火砕流原の特性

　地形変化の出発点となる原地形は，例えば火山地形のように瞬時ないしはきわめて短期間に生じる場合には，原地形としての理解は容易である．しかし，一般の山地などの原地形ということになると，イメージが浮かびにくい．

　例えば，海底堆積物が隆起して陸上侵食を受けつつ山地になっていく過程で，原地形をどのように想定すべきかは，難しい問題と言えよう．

　アメリカの著名な地形学者W. M. Davis（1850－1934）は，地形学における有名な地形輪廻（侵食輪廻）の考えを提唱して，地球上のさまざまな地形を系統

的に説明しようとした．この考えは，原地形を出発点として，これが侵食され続けると，順に幼年期，壮年期，老年期の地形を経て，終地形（準平原）になるというものである．この考えは，一見理解しやすくみえるが，理解しにくい点や問題点も少なくない．例えば，そもそも地形変化の出発点として想定されている原地形は，侵食基準面（後述）に対して十分に高位にある広大な小起伏の地形すなわち大規模な高原状の地形である．しかし，このような地形は一般的な原地形とは考えにくく，この意味では非現実的な想定であると言えよう．

　火砕流原には，原地形としての次のような注目すべき重要な特性がある．すなわち，1）全体がほぼ瞬時に形成されたものであること．2）（火砕流がまとまって堆積したところでは）原面はきわめて広大で，しかも平坦面であること．3）原面上は，その形成直後のある期間は，無植生であること（これについては，後述）．4）原地形を生じた火砕流堆積物は，全体としては均質とみてよいこと．このような意味で，火砕流原は，地形学的にもきわめて"優れた"特徴をもつ簡明な原地形であり，地球上における最も理想的な原地形であると私は考えている．

8.6　シラスの堆積年代

　シラスの堆積年代（入戸火砕流の噴出年代）を，本書ではこれまで，約2万5千年前であるとしてきた．これは，加速器質量分析計（AMS）を使った^{14}C年代測定法で，近年求められた年代値である．本書では，これが現段階で最も信頼性が高いものと考え，これをシラスの堆積年代としてきた．しかし，実はこの年代は，必ずしも確定した年代値というわけではなく，今後，変更ないしは修正される可能性もある．ここでは，この約2万5千年前というシラスの堆積年代が得られるまでの経過をたどり，シラスの数値年代に関する問題点について考えてみる．

　地層や岩石などの地質年代は，半世紀ほど前頃までには，地層に含まれる化石種や地層の層序などに基づいて，相対的な地質年代で論じられていた．シラスの堆積年代については，古くは，第三紀末期とか洪積世初期などと考えられたこともある．

　放射性物質による年代測定法が実用化され，シラスに含まれる炭化木などをおもな試料としてその^{14}C年代を求めることで，シラスの堆積年代が論じられ

るようになったのは，1960年代の中頃からである．1965年には初めて，シラスに関する三つの^{14}C年代値（23,400±800 y.B.P., 22,000±850 y.B.P., 16,350±350 y.B.P.）が公表された（一色ほか，1965；郷原，1965；荒牧，1965）．しかし，これらの年代値は，互いに良い一致を示さなかった．その後，年代測定例は増加したが，得られた年代値は大きくバラツクことがわかってきた．1972年までには，少なくとも10以上の測定結果が得られたが，その年代値には，約4万年前から約2,500年前の間でバラツキが認められた．こうなると，どの値が本当のシラスの堆積年代を示しているのか判断に迷うことになる．1972年の時点では，これらの年代値の中から約2万2千年前という年代値が，最も信頼性が高いと判断された（木越ほか，1972）．

1970年代の中頃には，シラスの噴火に伴って広域に堆積した火山灰（AT；前述）が国内各地に分布していることが明らかになり，AT（シラス）の年代値は，当時得られていた多数の^{14}C年代値の平均的な年代値である約2万1千〜2万2千年前と考えられた（町田・新井，1976）．この年代値はその後，近年における約2万5千年前という年代値に差し替えられるまでの約20年間使われ続けてきた．

1990年代に入って，加速器質量分析計（AMS）を使った^{14}C年代測定が行われ，その結果，約2万5千年前を中心とする年代値が得られた．近年は，従来の約2万2千年前の年代値に代わって，約2万5千年前の年代値がシラスの年代値とみなされている．本書でも，この近年の成果を採用しているというわけである．

シラスに関しては，これまでに100件をはるかに超える^{14}C年代測定が行われてきたと思われる．この中には，年代測定はされても，その結果がとくに公表されないままに終わったものも少なくないと思われる．"一つの年代値"に対して，これほど多くの年代測定がなされた例は，ほかには見られないようである．これは，シラスがATを伴う火山噴出物であるということによる．すなわちATは，最新の氷期の最寒冷期に近い時期に堆積した火山灰であり，東北地方以南のほぼ全国に分布しているため，地形学，地質学，火山学，古植物学，古気候学，考古学などのさまざまな分野から関心がもたれ，国内における最も重要な指標テフラの一つとして注目された．このため，ATに関連する各地の種々な試料を用いて多数の年代測定が行われた．また，その測定結果にバラツキがみられたことが背景となって，多くの測定がくり返されたと言えよう．

^{14}C年代のバラツキについては，外来炭素による汚染をはじめ，いくつかの原因が考えられているが，確かなことはわかっていないのが実状のようである．すなわち，バラツキの原因がよくわからない中で，多くの年代測定がくり返されてきたのが実状であったと言える．

上述したように，シラスの堆積年代は，近年，それまでに"信じられてきた"約2万2千年前という年代値に変わって，約2万5千年前と言われるようになっている．しかし実は，この約2万5千年前という年代値のほうが，その以前に信じられてきた約2万2千年前やそのほかの年代値よりも，シラスの年代値としてより適切であると判断すべき確かな根拠があるのかというと，必ずしもそういうわけではない．新たな測定で得られた年代値のほうを正しい年代値として採用することは，同時に，従来得られている多くの年代値は"お役ご免"になることである．したがって，年代値の差し替えに際しては，差し替えられるべき年代値が"お役ご免"になる理由も明確である必要があろう．しかし，従来，この点が必ずしも明確でないままに，新たな年代値への"乗り換え"がなされてきたと言えよう．シラスの"真の年代"は，従来の年代測定結果におけるバラツキの具体的な原因が明確になれば自ずと判明するものと思われる．

数値年代に関しては，とくに最近の数年間で，"暦年（代）"とか"較正年代"，"較正暦年"などという言葉がしばしば使われるようになった．すなわち，従来使われてきた〇万年前などという^{14}C年代は，そのままの数値が実際の年代を示すものではなく，さらに補正の必要があり，その補正をしたものが"真の年代"ということである．シラスの場合，^{14}C年代値に数千年を加える補正が必要であり，結局，較正年代（較正暦年）は2万9千年前頃になると言われている（奥野，2002）．

このような現状を踏まえると，本書でこれまでに述べてきたいくつかの数値年代もいずれは，それぞれ数千年ほど古い値に修正されることになると思われる．いずれにせよ，シラスの年代値が確定されるまでには，もうしばらく時間がかかるようである．

第9章 シラスの侵食過程と火砕流堆積物の侵食地形

　シラス台地は，シラス原の開析すなわちシラス原を刻む河谷の成長発達に伴うシラス原の分断で生じた（侵食）地形である．シラス台地は，シラスがつくる最も主要な地形であるが，シラス原の開析過程では，シラス台地のほかにも種々な地形ができる．また，シラス台地そのものは，さらに侵食されて別の地形に変化していく．本章では，シラス台地ならびにそれに関連するほかの侵食地形の形成過程について述べ，また，シラス以外のものも含めて火砕流堆積物がつくるいくつかの侵食地形についても論述する．

9.1　布状洪水

　新しくできたばかりのシラス原上に雨が降れば，その雨水はどうなるであろうか．シラスは，空隙に富み，その意味では水を通しやすい堆積物である．したがって，降雨量が少なければ，降った雨水のすべてがシラスの中にしみ込んで地下水となる．しかし，降雨量が多ければ，全部の水がしみ込みきれないこともある．
　地表にはさまざまな物質（土壌）があり，水のしみ込みやすさの程度は地表の物質ごとに異なる．この水のしみ込みやすさの程度，換言すると地表物質に水が浸透する速さを浸透能（浸潤能）と呼ぶ．浸透能は，単位時間あたりの水の浸透量であり，降雨（雨量）強度と同様にmm/時間で表現される．浸透能は，同一物質の場合でも，乾燥時と湿潤時では異なる．浸透能を上回る降雨があれば，しみ込みきれない分の雨水は地表を流れることになる．これが地表流（表面流）である．例えば，舗装道路上では少しの雨でもすぐ水流が生じるが，これはアスファルトやコンクリートの浸透能がきわめて小さいためである．

平坦なシラス原上で，シラスの浸透能を上回る降雨があれば地表流が生じ，水は平原上を一様に広がって全体として低いほうへと流れていくと考えられる．このような一様な地表流を布状洪水（sheetflood）と呼ぶ．布状洪水は，もともと砂漠地方でその実例が目撃観察され，その現象は，地形学者には古くから知られていた．しかし，日本における布状洪水の発生場所の特徴や地形形成過程における布状洪水の果たす役割などについては，従来とくに議論はされてこなかったようである．

形成直後のシラス原は，一木一草もない広大な砂漠状の平原である．このような無植生の平原上は，大雨が降れば，典型的かつ大規模な布状洪水が発生する条件を備えた場であると考えられる．このような布状洪水は，もちろん，澄み切った水の流れではなく，地表のルーズなシラス物質を洗い流す泥流ないしは濁流状をなすと思われる．すなわち，シラス原上では，布状洪水によって表層のシラスが洗い流されて下流へ移動し，再堆積する．流水で運搬され再堆積した堆積物は，水成堆積物であり，二次シラスとも呼ばれる．布状洪水は，降雨の最中ないしはその直後の短期間しか見られないきわめて短命な（ephemeral）現象であり，時折降る豪雨の際のみに生じる流水という意味で，間欠流である．

上述したことは，単なる推論ではない．実は，野外で認められる事実に基づいて考えたプロセスである．すなわち，シラス台地の最上部には，布状洪水によると思われる薄い水成堆積物がしばしば見出されるのである．これが最も典型的に発達しているのが，大隅の笠野原台地である．

笠野原台地（図34）は，南北の長さが十数キロメートル，東西幅は最大で約9km，南へ向かって緩やかに傾き，九州南部におけるシラス台地の中で最大の面積をもつ．台地面はきわめて平坦で，広大な畑作景観が広がっている．平坦な台地面であるということは，地形的にはシラスの堆積面の特徴そのものである．したがって，笠野原の台地面上に立つと，シラスの堆積面上にいるのと何ら変わりがない感じがする．ところが，台地の縁や台地面上に時折見られる露頭や掘削地などで観察すると，シラスの上位には次のような特徴をもつ明らかな水成堆積物（水成シラスないしは二次シラス）がしばしば認められる（図35, 36, 写真9, 10）．すなわち，この堆積物は，軽石塊，安山岩・頁岩・砂岩などの岩片，および鉱物粒や火山ガラスなどで構成される礫層，砂礫層，砂層などである．これらの構成物は，下位のシラスを構成する軽石塊，石質岩片，

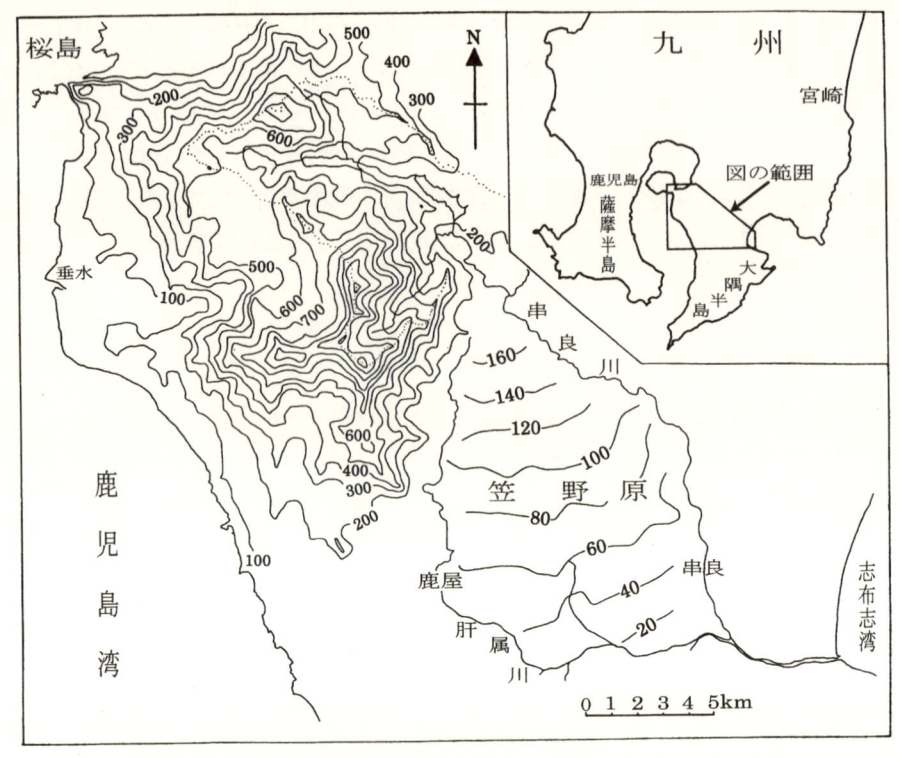

図34 笠野原台地の位置と等高線図（横山, 2000による）
高度：m, 笠野原北西方の山地（高隈山地）内の点線は, 串良川の上流集水域界.

およびそれらの細粒物質と岩質が一致する．この堆積物には全体としてほぼ水平な層理が顕著に発達し，細礫層や砂層などには斜層理がしばしば認められる．また，軽石塊は磨耗を受けて円～亜円礫であることが多いが，安山岩や砂岩・頁岩礫などはほとんどが角礫である．

　上述したことから，この水成シラスは，明らかにシラスの上を流れた流水の作用で堆積したものである．また，この水成シラスは，厚さが一般に3m以下と薄く，しかも何キロメートルにもわたってほぼ水平に連続した層をなして分布しているという特徴がある．このような特徴を示す堆積物は，通常の河川による堆積物ではなく，シラス原上を一様に広がって流れた流水すなわち布状洪水によるものと考えられる．

　布状洪水の堆積物は，シラス台地の最上部に発達している．このことは，布状洪水が生じた時期が，開析谷の発達する前すなわちシラス台地の形成に先立

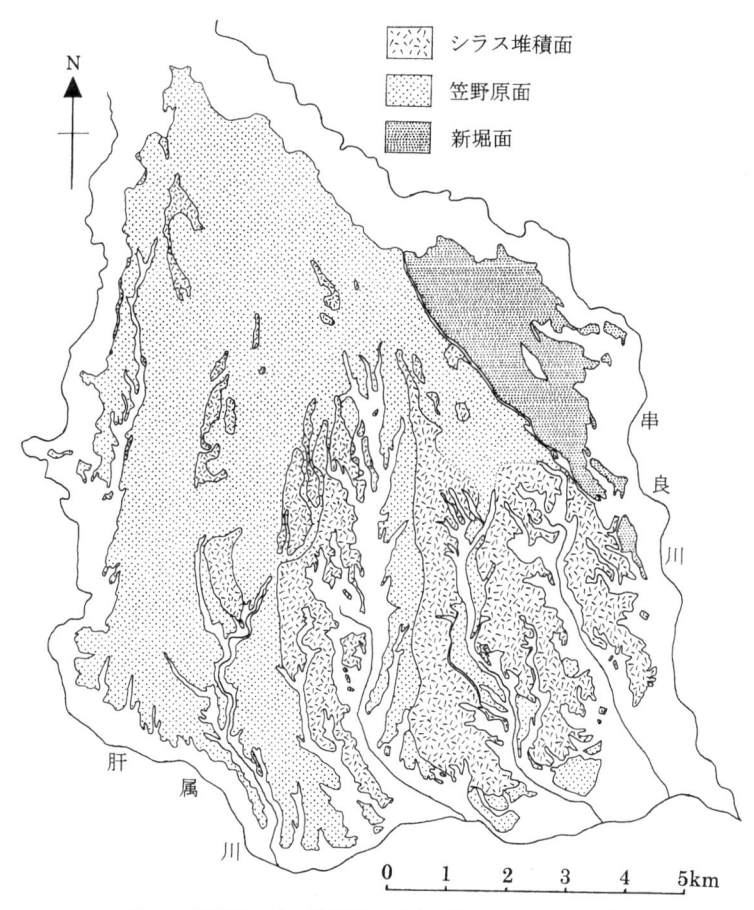

第9章　シラスの侵食過程と火砕流堆積物の侵食地形　　91

図35　笠野原台地の地形面の分布（横山，2000による）

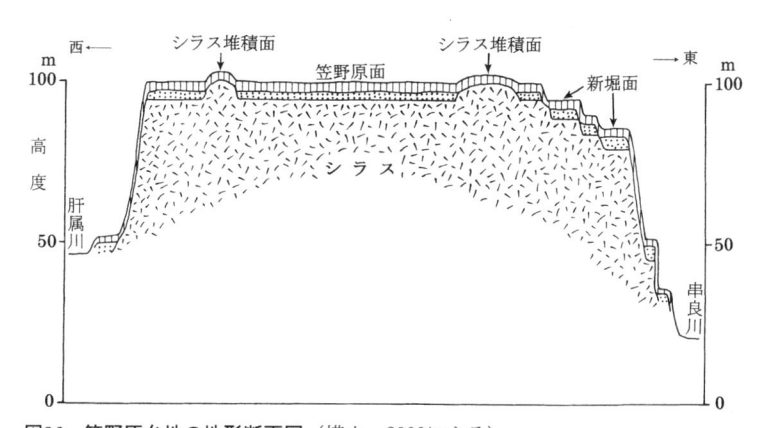

図36　笠野原台地の地形断面図（横山，2000による）
　　　笠野原のほぼ中央部の東西模式断面図．水平距離は任意．
　　　縦縞模様は，地表を一様に覆う厚さ数メートルのテフラ・土壌層．その下
　　　位の砂目模様は厚さ数メートル以内の水成堆積物（二次シラス）．

写真9　笠野原台地上の露頭（鹿児島県鹿屋市鹿屋大橋付近）
最上位にテフラ・土壌層（厚さ約2.5m，上・中・下部に顕著な黒色層），その下位に水成シラス層（厚さ約2.2m，下半部は水平層理が顕著），最下位にシラス層がある．

写真10　水成シラス層のクローズアップ（写真9と同一地点）
ハンマーの柄の長さは約25cm．

つ時期であることを示している．

　上述したような布状洪水は，シラス原上に限らず，ほかの火砕流堆積物の火砕流原上でも一般的に生じるプロセスであると考えられる．

9.2 シラス台地の形成

シラス台地は，前述したように（第8章），もともと一続きであったシラス原が，シラス原に新たに発生・発達した侵食谷（開析谷ともいう）で開析され分断された結果，形成されたものである（図37）．

一般に開析は，おもに流水による侵食で進行する．流水は，下方や側方へ侵食作用を及ぼしつつ土地を削り，地形を変化させる．流水が土地を下方へ掘り下げる作用を下刻作用（下方侵食または単に下刻）と言い，側方へ削り拡げる

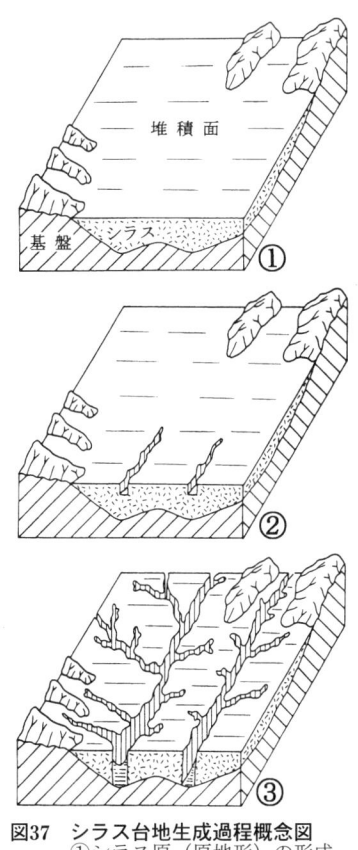

図37 シラス台地生成過程概念図
①シラス原（原地形）の形成
②シラス原開析の初期段階
③シラス台地の形成
シラス地域では，②と③の間に旧開析谷や段丘形成の段階があるが省略．

作用を側刻作用（側方侵食または側刻）と言う．陸地は，流水などの侵食作用でしだいにその高度を減じるが，その高度低下の限界は海面のレベルまでだと考えてよい．すなわち，海面は，河川の下刻作用の下方限界ないしは陸地が侵食を受ける際の最終的な限界高度面と考えられ，侵食基準面と呼ばれる．

　開析されるということは，流水による下刻や側刻，とくに下刻作用でシラスが深く削り込まれるということである．この下刻作用を考える上で重要なことは，シラス原がきわめて広く平坦であるということである．このような広い平原の場合，下刻作用はその平原上のどこででも同時に起きるわけではない．開析は，平原の中央部や上流部から始まるようなことはなく，侵食基準面に近い場所すなわちシラス原の下流側の縁辺部から始まり，しだいに上流部へ向かって進行する（図37）．これは，例えば宅地造成地を放置しておいた場合，雨による流水でまず造成地の周縁部に侵食谷すなわちガリー（前述，第6章）が生じ，これがしだいに中央部に向かって伸長・発達するのと同じである（図38）．このように，侵食谷が下流から上流側へ伸長していく際にみられる，谷の源頭部における侵食を谷頭侵食という．すなわち，シラス原のとくに上流域では，（下流部からの）谷頭侵食によって開析谷が伸長してくることで，はじめて下

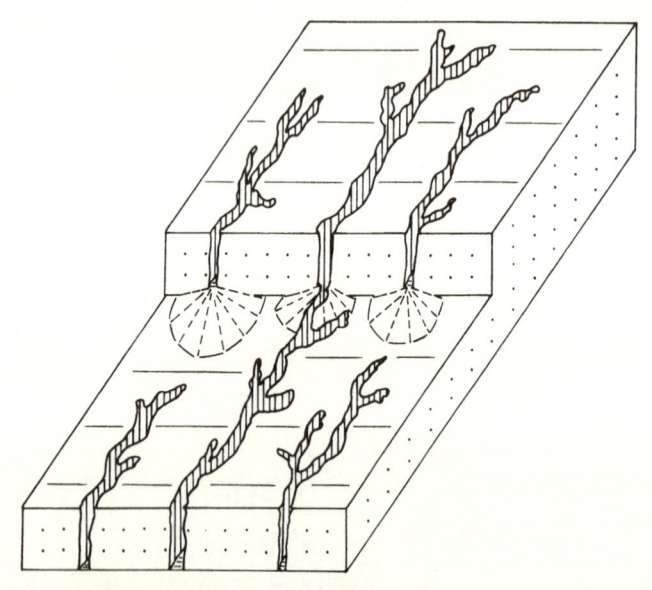

図38　造成地におけるガリーの発達模式図
　上段の造成地を刻むガリーは，下段の面のレベルより低くまで下刻することはなく，ガリー侵食で生じた物質は下段の造成地面上に小型の扇状地状の堆積地形（沖積錐）を形成する．

刻が進む（開析される）ということになる．このことは，上流域は開析谷が伸長してそこに到達するまでの期間は，布状洪水がくり返される場所であり続けることを意味している．これは同時に，シラス台地の形成に要する時間は，谷頭侵食による開析谷の伸長速度で決まるということも示している．なお，図38にも示されているのと同様に，基盤山地周辺のシラス原上では，開析谷が到達するまでの期間に，基盤山地からの土石流などに伴う沖積錐（ちゅうせきすい）や扇状地などが形成されると思われるが，まだ詳細なことがわかっていないので，図37では省略してある．

上述したことから，シラス台地の形成に要する時間を知る上で，シラス原の開析谷が実際にどのくらいの速さで伸長したのかが重要な問題となる．これを直接知る手だてはなかなか見つからない．そこで，ここでは流水に対するシラスの削られやすさや，シラスに類似したほかの堆積物でみられる侵食の特徴などに注目して，シラス原の開析速度を推定してみる．

シラスは，もともと固結度のきわめて低いルーズな堆積物である．したがって，シャベルなどでも容易に削りとったり穴を掘ったりできる．とくに水が加わると，シラスは全体がきわめて"軟らかく"なり，水で容易に削られて運ばれるようになる．この良い例が，シラスに水を加えてパイプの中を流して運搬する"水搬（送）工法"である．これは，1967～1970年の時期に鹿児島市の与次郎ケ浜（よじろうがはま）で行われた宅地造成（66ヘクタール）のための埋め立て工事の際にとられた工法として有名である．すなわち，この埋め立ての材料には，鹿児島市街地を挟んで約6km離れた場所にある城山裏（しろやま）（現在の城山団地地区）における宅地造成のために掘削したシラスが使われた．その際，シラスをダンプカーで埋め立て地まで運ぶのではなく，鹿児島港から汲み上げて城山裏の造成地まで約2.4kmをパイプ輸送した海水とシラスを混ぜ，これを甲突川（こうつき）に沿って敷設したパイプで流送し，与次郎ケ浜に排出して埋め立てていったのである．

流水に対するシラスの削られやすさは，自然の状態でも観察できる．その一例は，人為的または自然に生じたシラスの急崖に形成される縦方向のガリーである（口絵D）．これは，崖の上から流れ落ちる流水がシラスを削り込んでできた溝であり（このような様式の侵食を"落水型侵食"と呼ぶことがある），大雨などの際に急速に生成・成長する．もう一つは，植生や表土をはぎ取り，シラスを削って露出させたまま放置した状態の造成地などによく見られる．すなわち，シラスは，通常は植生やテフラ・土壌層（前述）で覆われて"保護"

されているため，シラス地域のすべてでシラスの侵食が進行しているわけではない．しかし，一度この保護が除去され，シラスが地表に露出した状態の場所では，まとまった降雨があると，たちまちガリーが発生・発達して，急速な侵食が起きる（口絵E）．このガリー侵食が進行すると，土地全体がずたずたに寸断され，きわめて凹凸の激しいいわゆるバッドランド（badland）（後述）状の侵食地形が生じることもある．

シラスのガリー侵食については，実際の観測によるいくつかの報告がある．このうちとくに急激なものの例としては，かつて志布志地区における"水田の排水路によって誘発"されて起こった大規模な侵食があり，この時の侵食量は，1時間で幅30 m，長さ150 m，深さ約7 mにも及び，"約4町歩の美田が壊滅した"という（田町，1953）．一方，落水型侵食の場合には，1回の豪雨で長さ100 m以上ものガリー侵食が起きることがあるという指摘もある（山内・木村，1969）．

このように，シラスは流水に対してきわめて削られやすい性質があり，まとまった雨さえ降れば急速に侵食される．生成直後のシラス原上は，植生は皆無であり，侵食に対してはまったく無防備のいわば丸裸の状態である．この状態のシラス原は，とくに急速に開析され，きわめて短期間で台地になったであろうという予想がつく．

短期間といっても，具体的に何年くらいかかったのかということになると，2万5千年も昔の話であり，明確にはわからない．そこで，堆積物自体がシラスに類似し，しかもその開析過程が直接観察されているアラスカのカトマイ（Katmai）火山およびフィリピンのピナツボ（Pinatubo）火山の火砕流堆積物の例を通して，この問題を考えてみる．

カトマイ火山では，1912年6月，20世紀最大と言われる大噴火が起こり，火砕流が発生するとともに，周辺の広い地域に火山灰が降下堆積した．幸い，人口のきわめて希薄な地域における噴火であったため，とくに大きな災害には至らなかった．噴火後に調査隊が派遣され，火砕流のまとまった堆積地であるThe Valley of Ten Thousand Smokesでは，噴火の数年後における調査時に，すでに深さ30 mにも及ぶ峡谷が生じていたことが報告されている（Griggs, 1918）．

ピナツボ火山では，1991年6月，20世紀ではカトマイ火山に次ぐ規模をもつとも言われる大噴火が起こり，火山体およびその周辺の広い地域に火砕流や大量の降下火砕堆積物（火山灰や軽石など）が堆積した．幸い，この噴火は事前

に予知されたので，被災地域の住民は避難できたが，火山から北東へ20 km余り離れた場所にあったクラーク米軍基地は廃止に追い込まれた．新しく堆積したばかりの火砕流堆積物や降下火砕堆積物は，台風による大雨などで噴火直後から急速に削剥され，これに伴って，火山麓とその周辺地域一帯では，大規模な土石流（lahar：ラハール）が多数発生した．噴火後数カ月間の雨季を経た1991年末には，火山の東側山腹に堆積した火砕流堆積物のうち約30％，南西側山腹の火砕物の14％が削剥されたことが報告されている（Pierson *et al.*, 1996；Umbal and Rodolfo, 1996）．現在では，深さ数十メートルの開析谷が形成されている．

　上述した二つの火砕流堆積物は，規模こそシラスの噴火には及ばないとはいえ，有史時代でも屈指の規模の大噴火によるものであり，しかも，ともに軽石質の火砕流堆積物すなわち軽石流堆積物であるという点で，シラスによく似た堆積物である．この意味で，両堆積物で起きた削剥過程は，シラスにおける削剥過程を推定する際の重要な拠り所になる．

　上記の二例で共通していることは，削剥が火砕流の堆積直後の短期間にきわめて急激に集中的に進行したということである．これと同様なことは，規模はさらに一段と小さくなるが，雲仙火山の火砕流堆積物でもみられた．すなわち，雲仙普賢岳の1990〜1995年の噴火では，火砕流の堆積直後から，おもにその堆積物に由来する多数の土石流が南東部の水無川流域で発生し，山麓部の多くの家屋や橋を破壊し，耕地を埋没させ，多大の被害を与えた．土石流は，火砕流の発生後2〜3年以内の期間にとくに発生頻度が高く，また，規模も大きなものが生じたが，それ以降は発生回数も規模も経年的に減少していることがわかっている（寺本ほか，1997；2002）．このような堆積直後における急速な削剥過程は，実は火砕流堆積物に限らず，新たに堆積した火山灰などの火山噴出物でも，かなり一般的に認められている．

　以上に述べたことから，新たに堆積した火砕流堆積物は，堆積直後の短期間に急速に削剥されると思われる．この削剥過程は，全体としては時間の経過とともに指数曲線的に減衰するということであろう．おそらくシラスの場合にも，堆積直後の短期間にきわめて急速に開析が進行して，短期間でシラス台地ができたと考えられる．具体的な期間の長さは今後の研究に待たねばならないが，私は，数年以内という短期間でも可能であろうと考えている．この問題の解決には，シラスの堆積直後の短期間に実際に生じた集中豪雨や，来襲した台風な

どの具体的な解明が必要になると思われる．

　上述したことから，シラス台地の形成に関しては，とくに堆積直後の短期間がとりわけ劇的に地形変化が進んだ特異な時期であったと言える．換言すると，シラス台地の地形は，シラスの堆積以降の2万5千年間を通じて，同じような速さで地形が変化し続けた結果，現在の姿になったのではなく，シラスの堆積直後の短期間で現在見られるような地形の大勢がほぼできあがり，その後の地形変化はそれほど著しくはなかったということである．この意味で，現在は比較的緩慢な地形変化が進行している時期ということになる．

9.3　旧開析谷の形成

　これまでに述べてきたシラス台地は，いわばシラス原が"十分に"開析された結果の地形である．すなわち，開析谷が発達して充分な深さにまで下刻が進み，開析谷底がほぼ現在の河床に近いレベルまで低下した結果，現在見るようなシラス台地ができあがったと考えてよい．しかし，開析谷は，単に下刻のみを継続しつつ，現在のレベルまで一気に低下したのかというとそうではない．実は，開析谷底が現在のレベルに低下するまでの途中の段階で，浅くて広い開析谷が形成された時期が存在したのである．ここでは，この種の開析谷が顕著に発達している薩摩半島西側の伊集院地区（鹿児島市の西方）を例にとり，その地形的な特徴およびその形成過程について述べる．

　図39は，薩摩半島西側を西流して東シナ海（吹上浜）へ注ぐ神之川の上流域にある石谷川と下谷口川に挟まれた地域（伊集院地区）の地形図であり，また，図40は，同じ地域の地形分類図である．この地域は，河床部にシラスの基盤岩（おもに溶結凝灰岩）が露出する以外は，すべてシラスで構成されるシラス地帯である．この地域には，形成時期ならびに形成過程を異にする二種類の開析谷が発達している．

　その一つは，現在の河川沿いの河谷であり，これを現開析谷と呼ぶ．現開析谷の谷底は，いわゆる沖積地であり，ここには流水があるため一般に水田が分布する．もう一つは，シラス台地の高い位置に発達している浅い谷である．この谷は，シラス台地を刻む明瞭な谷であるが，現在，この谷底には流水は見られず，おもに畑がつくられている．すなわち，この谷では，現在，流水による谷の伸長・拡大は進行していない．換言すると，この谷は，現在では成長が

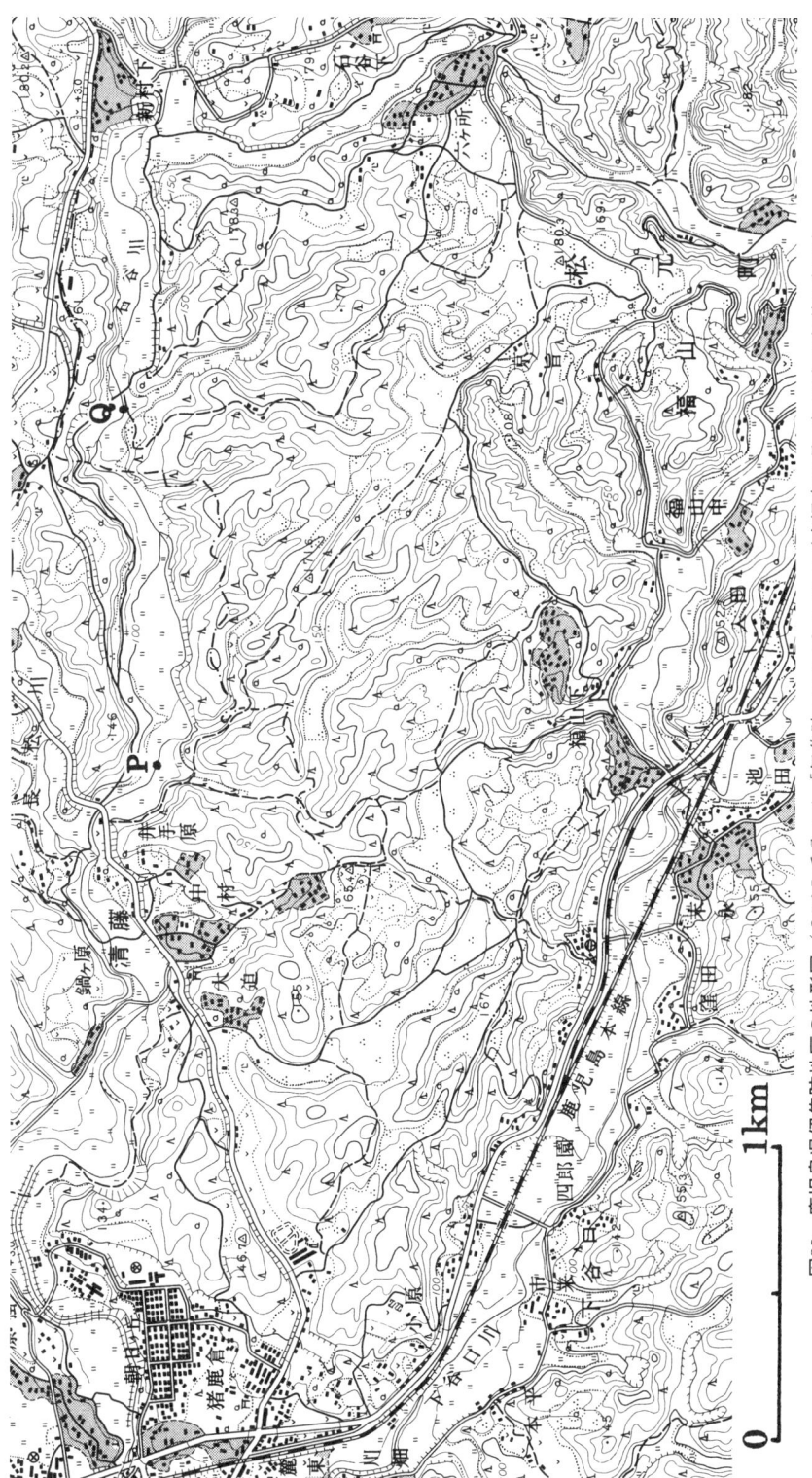

図39 鹿児島県伊集院地区の地形図（2万5千分の1 「伊集院」 NH-52-7-11-1（鹿児島11号-1） 昭和58年修正測量）
P点およびQ点は、それぞれ図42のPおよびQに対応する。

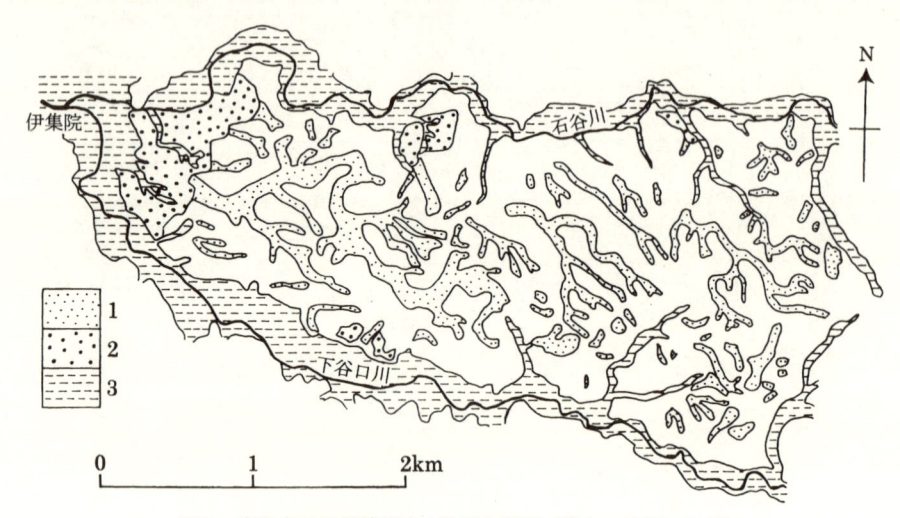

図40 鹿児島県伊集院地区の地形分類図（横山，1987による）
1．旧開析谷底　2．段丘面　3．現開析谷底

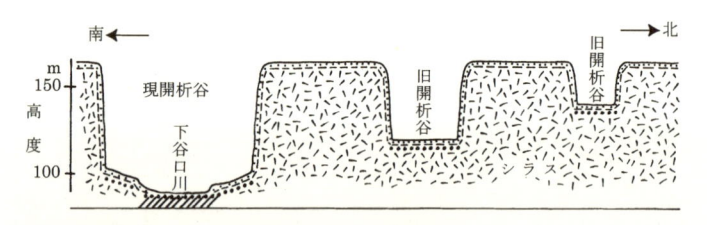

図41 現開析谷と旧開析谷の関係を示す断面図
伊集院地区（図39）における概念的南北断面図．地表部を一様に覆う最上層の小点記号はテフラ・土壌層，谷底部の太点記号は水成シラスおよび河川堆積物，現開析谷底下の斜線は基盤岩をそれぞれ示す．

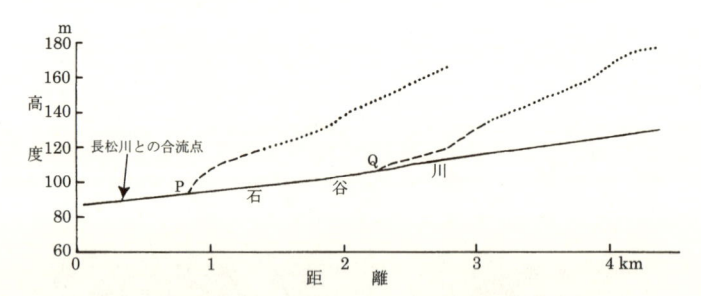

図42 鹿児島県伊集院地区の現開析谷底と旧開析谷底の縦断面図
現開析谷底は石谷川（図39の北部）．点線は明瞭な旧開析谷底部．破線は旧開析谷底と現開析谷底の区分が不明確な部分．P点およびQ点の位置は図39に示す．

止まった谷であり，この意味で過去に生じた谷地形である．そこで，これを現開析谷に対して旧開析谷と呼ぶことにする（図41）．

旧開析谷は，現開析谷の上流延長に多数存在する浅い谷であり，屈曲に富み，伸長方向もきわめてランダムである（図40）．旧開析谷の谷底の勾配は，現開析谷に比べて急であり（図42），また，現開析谷と旧開析谷とは，一般に明瞭な傾斜変換部を介して不連続的に接している．伊集院地区の西半部には，この地域最大の北西－南東方向に伸びる旧開析谷がみられるが，これは，シラス地域における最も代表的な旧開析谷の例でもある．この谷の谷幅は70〜200 m，谷底の勾配は約 1×10^{-2} で，谷底部は畑（おもに茶畑）になっており，下流端は段丘面に連続している．

旧開析谷で注目すべきことは，この谷地形がいずれもシラス内の浅いレベルに形成されているということである（図41）．すなわち，旧開析谷は，流水がシラスをあまり深く削り込むことなく，シラス内の浅いレベルを流れたことを物語っている．この浅いレベルを流れた流水がどのようなものであったのかを理解するためには，現開析谷底における流水の意味を知る必要がある．

現開析谷底では，谷壁基部や水田脇などの随所で湧水が認められる．これは，現開析谷底付近に基盤岩が存在するためである．すなわち，シラスは空隙に富み，水を通しやすい堆積物（透水層）であるのに対し，その基盤岩（溶結凝灰岩など）は，水を通しにくい不透水層の役目を果たすため，現開析谷底に湧水がみられるのである．現開析谷底を流れる河川は，これらの湧水で養われているために，水は年中絶えることのない恒常河川である．このように，恒常河川が存在するためには，透水層の下位に不透水層があり，湧水が生じるような地質構造の存在が不可欠である．

一方，旧開析谷は，シラス内に形成されている谷地形であるため，谷底部もシラスで構成されている．すなわち旧開析谷の場合は，谷底部に不透水層が存在しない．このことは，旧開析谷が恒常河川によって生じた河谷ではなく，布状洪水の場合と同様な間欠流によって形成されたことを示している．

次に，旧開析谷の形成時期の問題について考えてみる．

旧開析谷は，現開析谷の形成，すなわち現在みられる（高い台地崖をもつ）シラス台地の形成以前に形成された"古い"河谷である．前述したことから，シラス台地そのものがシラスの堆積直後の短期間に生じたのならば，旧開析谷はそれよりもさらに短期間に生じたことになる．いずれにせよ，シラスの堆積

直後のきわめて短期間に，旧開析谷と現開析谷が相次いで急速に生じたことになる．

旧開析谷は，厚さ数メートルのテフラ・土壌層（前述，第8章）で覆われている．このことは，旧開析谷がこれらのテフラ・土壌層の堆積前に形成されていたことを物語るとともに，テフラ・土壌層の堆積以降は，それによって被覆・保護された"化石谷"であることも示している．すなわち，旧開析谷は，これを被覆している最下位の（最も古い）テフラの堆積以前に生じたことになる．この最古のテフラの年代については，次節で改めて考える．

なお，旧開析谷が化石谷であることは，その成長・発達が現在の形状に達した時点で停止したことを意味するが，その停止の原因は明らかでない．

9.4　河成段丘の形成

段丘地形は，一般には平坦な段丘面と急斜面をなす段丘崖の二つの地形要素で構成される．河成（または河岸）段丘は，元来あるレベルを流れていた河川が，何らかの原因で下刻して低いレベルを流れるようになった結果，下刻が生じる前の高いレベルを流れていた河川の河床がそのまま取り残されて生じた地形である．段丘面は，下刻前の河川（旧河川）の河床を示す地形であり，段丘崖は下刻作用や側刻作用に伴って生じた急斜面である．

シラス地域を流れるおもな河川，すなわち大隅の菱田川，安楽川，串良川，薩摩半島の万之瀬川や神之川，このほか川内川や大淀川などの流域には，河成段丘が発達している．これらの段丘は，いずれもシラス原上に発生した河川が，シラス原を開析していく過程で生じた段丘である．段丘の発達状態は，河川ごとに差異が認められる．ここでは，河成段丘が最もよく発達し，詳しく調査されている菱田川流域をとりあげ，段丘の特徴，形成過程，形成時期などについて考えてみる．

菱田川は，姶良カルデラの東側"外輪山"（図30）をおもな流域とし，志布志湾に流出する河川であり，全長は約50 km，流域面積は約400 km^{2}で，流域内のほとんどがシラスで占められている．河成段丘がとくによく発達しているのは，菱田川の中・下流域である（図43）．段丘面は，中流域では数段みられるが，下流域では一段しか認められない．しかも下流域の段丘は，河川両岸のほぼ同じ高度に段丘面をもついわゆる対性段丘の特徴を示す（図44）．段丘堆積物は，

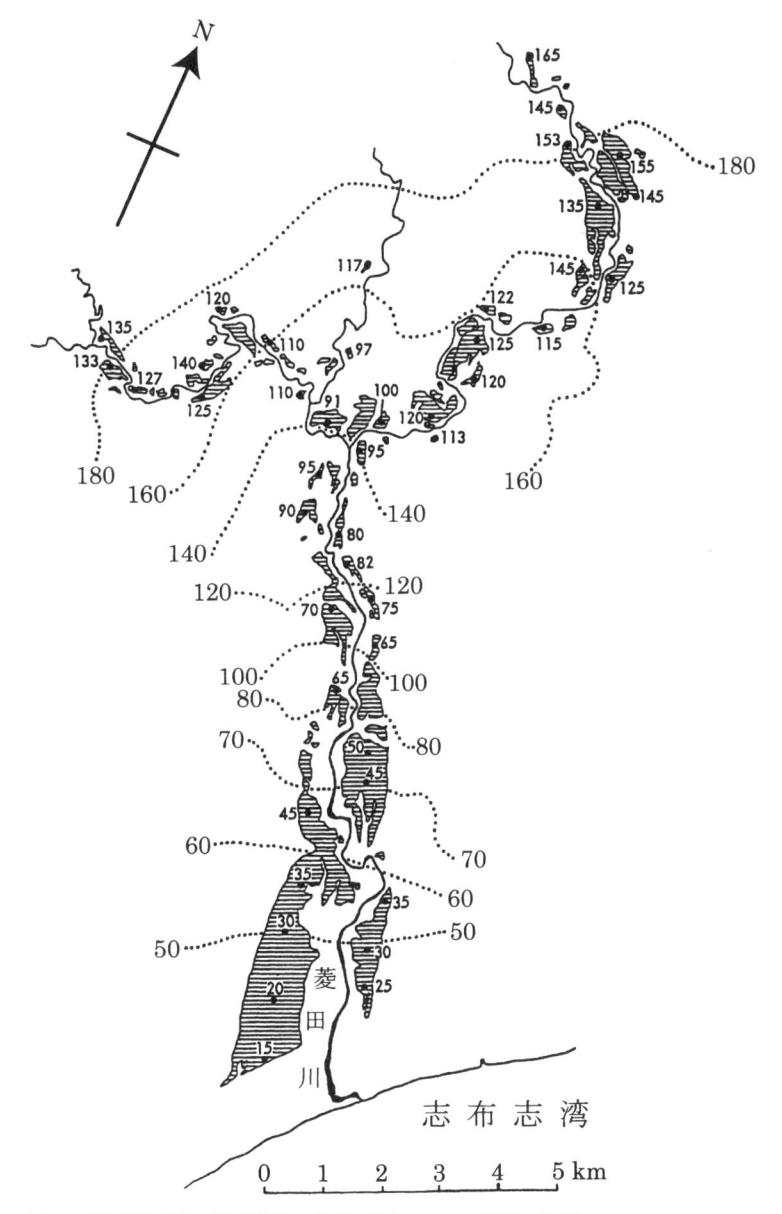

第9章　シラスの侵食過程と火砕流堆積物の侵食地形　　103

図43　菱田川流域の河成段丘の分布（Yokoyama, 1999による）
菱田川の位置は図1を参照．横線部は段丘面．段丘面上の数字は段丘面の高度（m）．点線はシラスの堆積面高度の等高線（m）．

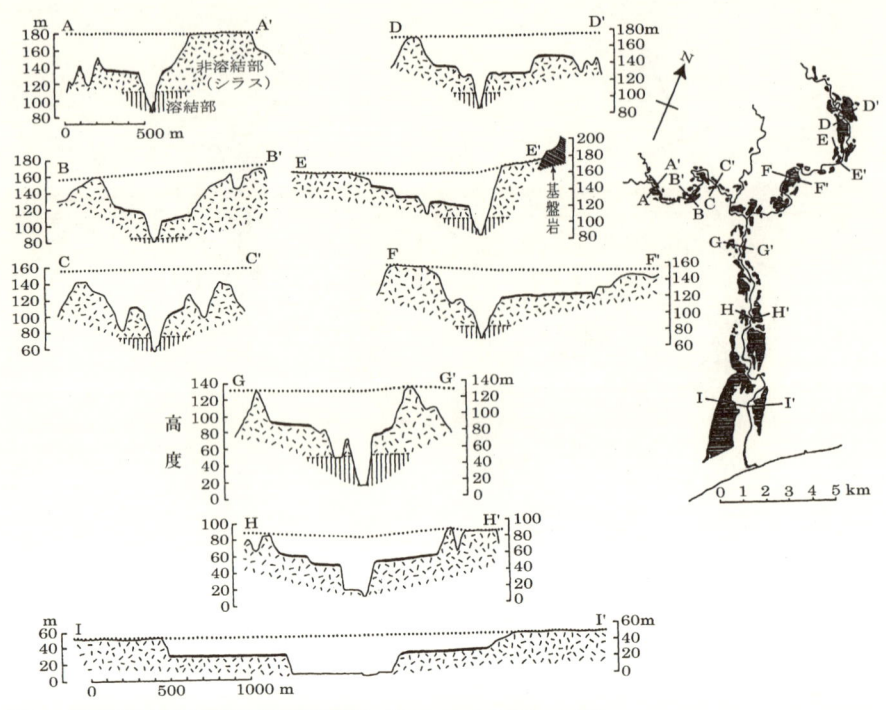

図44 菱田川流域の河成段丘の横断面図（Yokoyama, 1999による）
点線はシラスの堆積面高度．黒い太線は段丘堆積物．地表を一様に覆うテフラ・土壌層（厚さ数メートル）は省略．

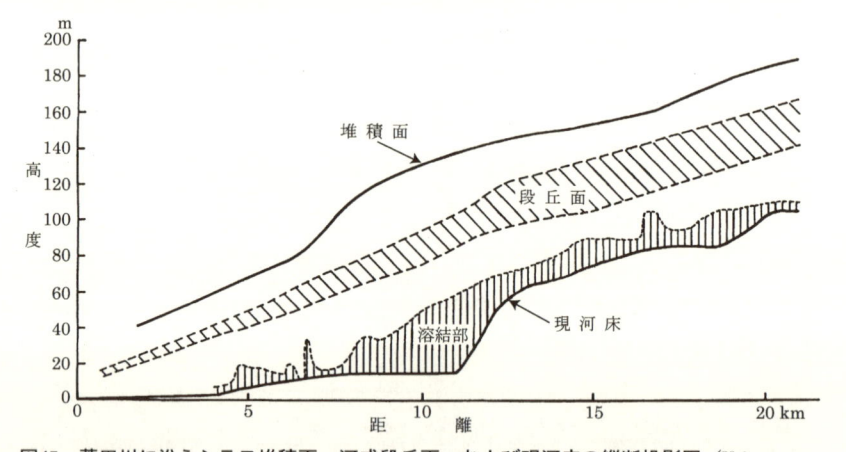

図45 菱田川に沿うシラス堆積面，河成段丘面，および現河床の縦断投影図（Yokoyama, 1999による）
斜線部は段丘面の高度の分布範囲で，段丘面がシラス内に形成されていることを示す．縦線部は入戸火砕流堆積物の溶結部．

第9章　シラスの侵食過程と火砕流堆積物の侵食地形　　　105

いずれも水成シラスで，厚さは一般に3m以内と薄く，この段丘がいわゆる侵食段丘であることを示している．この段丘でとくに注目されるのは，段丘が発達している位置（層準）である．すなわち，この地域のシラスの下方には（入戸火砕流堆積物の）溶結部があり，現在の菱田川はこの溶結部内を流れているが，段丘面そのものは上方のシラスの中に発達しているという特徴がある（図45）．段丘面は旧河床を示す地形であるから，菱田川の段丘に関係したかつての菱田川（旧菱田川）は，シラスの中だけを流れた河川であったことを示している．このことは，旧菱田川が前述した旧開析谷の場合と全く同様に，間欠河川であったことを意味しており，また，形成時期も旧開析谷と同様，シラス堆積直後の短期間内であったと思われる．実は，段丘と旧開析谷とは，地形的に傾斜変換を伴うことなく連続しており，両者が同時期に形成された地形であることを示している．図46は，この段丘の形成過程を示す概念図である．

　この段丘の形成時期については，段丘面を覆って分布しているテフラ・土壌層に基づいて，その年代をある程度まで絞り込むことができる．すなわち，こ

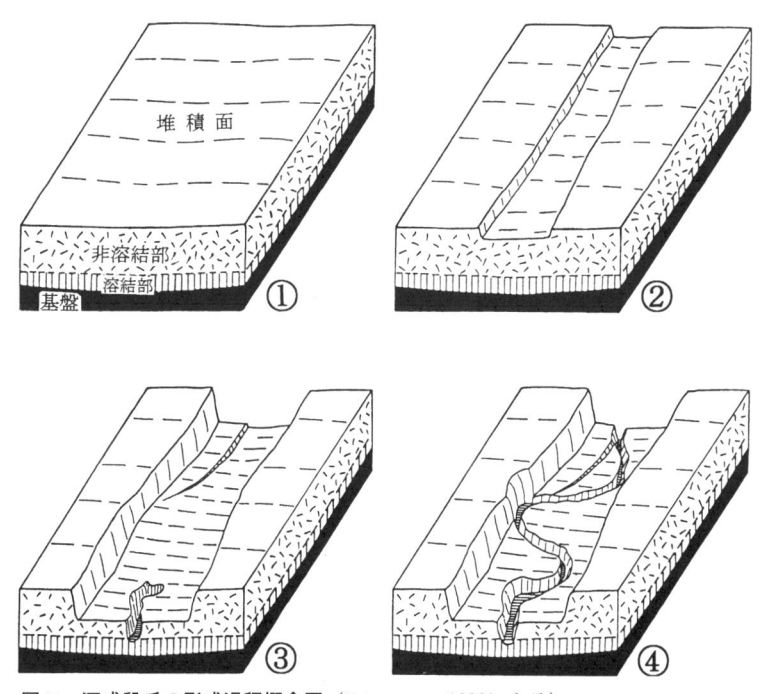

図46　河成段丘の形成過程概念図（Yokoyama，1999による）
①原地形　②旧開析谷の発達段階（間欠流による）　③現開析谷（恒常河川）の伸長に伴う旧開析谷底の段丘化期　④現在

の地域には桜島火山をはじめとする火山から噴出した軽石や火山灰などを含む厚さ数メートルのテフラ・土壌層が，地表を一様に覆って分布している．このテフラ・土壌層は，沖積地を除けば地形の新旧を問わず，すなわち基盤岩山地やシラス台地および新旧の段丘面上のいずれでも，同一のテフラ・土壌層が一様に堆積している．このことは，沖積地を除く地形の形成後，換言すると現在の地形の大勢ができあがった後に，これらのテフラ・土壌層が堆積したことを意味する．このテフラ・土壌層の最下部には，桜島火山の活動開始期に噴出したと考えられている軽石が含まれている．この軽石の噴出年代は，^{14}C年代測定結果によれば約2万3千年前である（Okuno et al., 1997）．したがって，段丘の形成年代は，シラスが堆積した2万5千年前から2万3千年前の期間の約2千年間内ということになる．

上述した段丘形成時期とテフラ・土壌層の堆積年代との関係は，前述した旧開析谷とそれを覆うテフラ・土壌層との関係ならびに笠野原台地における諸地形面とこれを覆うテフラ・土壌層との関係についても基本的には同様であり，さらにこのことは，ほかの場所におけるシラスの地形とそれを覆うテフラ・土壌層との関係についても同様にあてはまると考えてよい．

9.5 河川争奪

シラス原に開析谷が発生し，それがどのように成長して現在見られるような開析谷に発達してきたのかという，開析谷の一連の発達過程は，地形学的にも最も基本的かつ重要な研究課題である．しかし，その全過程の詳細については，よくわかっているわけではない．ここでは，その開析谷の発達過程で起こる河川の争奪現象について見てみる．

新たな土地における新たな開析谷の発生・発達過程は，森林の形成過程でくり広げられる樹木の生存競争と似ている．すなわち，ある土地で樹木が発芽して生長していく場合，発芽したすべての樹木が等しく生長していけるわけではない．樹木の生長の過程では，太陽光を得るための空間や根を張り巡らすための土地の争奪戦が展開される．生長の旺盛な樹木は周囲へ枝葉や根系をどんどん伸ばし，周辺の弱小な樹木は淘汰される．このような争奪戦の結果，成熟した森林は，ある限られた数と種類の優先樹木で構成されることになる．新たな土地における開析谷の発生・発達過程では，この争奪戦と似た土地の争奪戦が

展開される．

　シラス原に発生した新たな開析谷は，その成長過程で，自らの"領地"(集水域，流域)を広げていく．すなわち，開析谷の形成初期の段階では，まだ"所属"が決まっていない"新天地"(シラス原)で，それぞれの開析谷が自らの流域を広げつつ成長していく．

　各開析谷の流域の拡張が進み，もはや配分可能な土地がなくなると，流域の拡張戦は終わりかというと，そうとは限らない．ここから先も，ある開析谷は伸長を続け，隣の開析谷の流域に"侵入"してその流域の一部を奪い取ることがある．これが河川争奪である．河川争奪によって，その河川は自らの流域の範囲を広げる．以下では，シラス地域と阿蘇火砕流堆積物の分布域に見られる河川争奪の具体例を示す．

　シラス地域における河川争奪の例として，伊集院東方の福山下付近に見られるものをあげることができる．これは，旧開析谷が現開析谷によって争奪されたもので，シラス地域に見られる河川争奪の最も代表的な例と言える．すなわち，図39の西半部にはこの地域最大の旧開析谷が見られるが(前述)，争奪が起きたのはこの旧開析谷の上流端である．図47は，争奪地点付近の地形区分略図である．図に示されているように，旧開析谷は，その上流端(・130付近)で

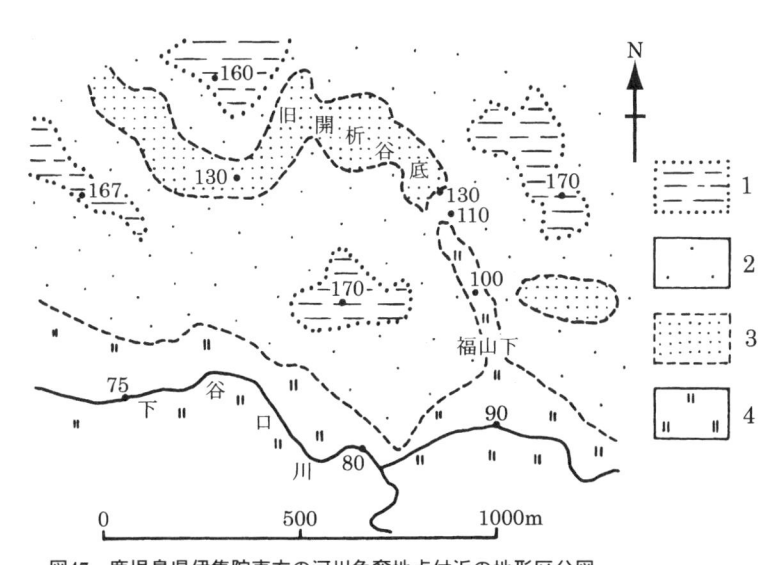

図47　鹿児島県伊集院東方の河川争奪地点付近の地形区分図
　　　(図39南部の福山下付近) 数字は標高(m)．
　　　1．シラス台地面　2．シラス台地崖　3．旧開析谷底　4．沖積地

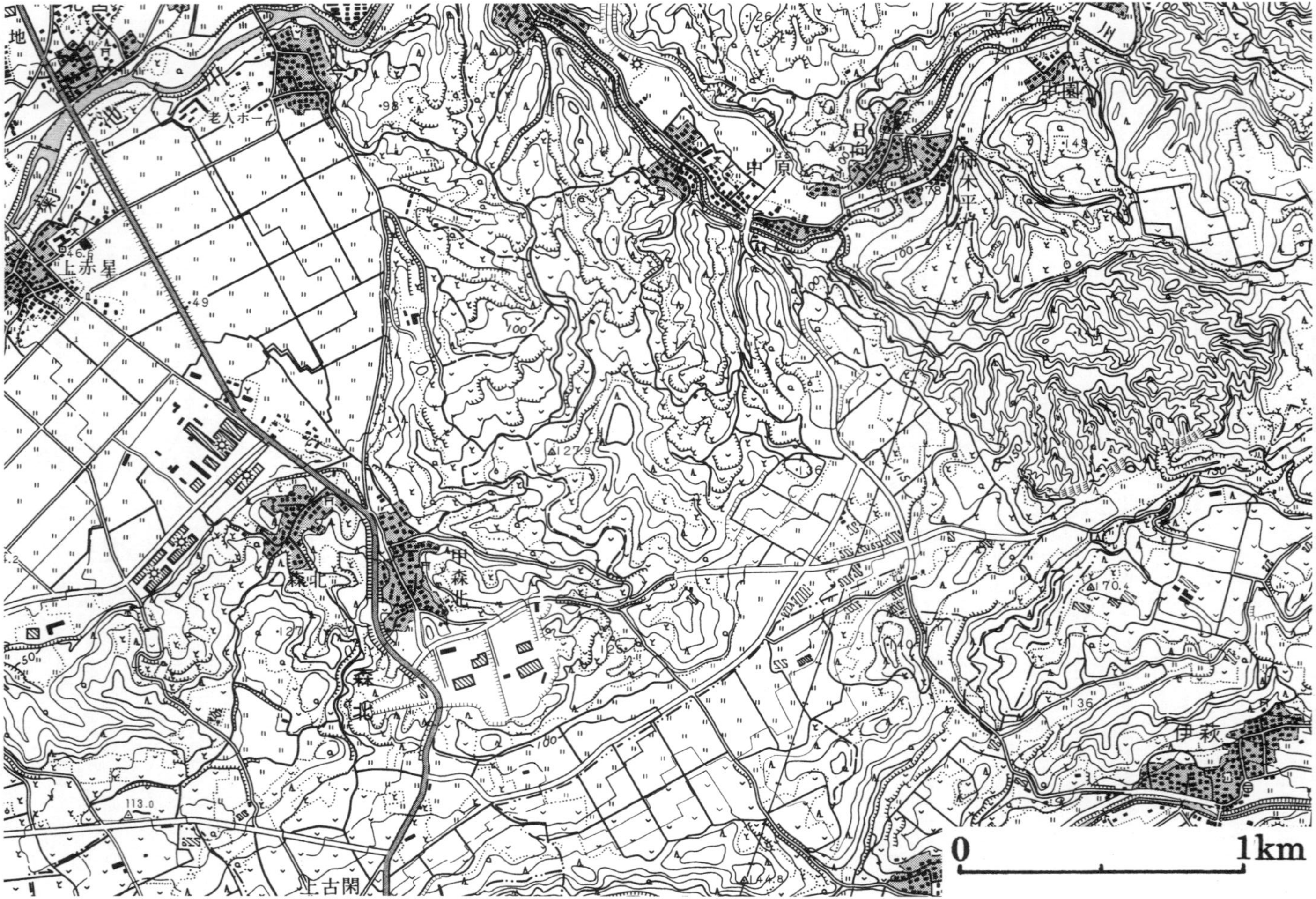

図48 熊本県菊池市付近の地形図（2万5千分の1「菊池」NI-52-11-3-3（熊本3号-3）平成12年修正測量）

谷底が突然途切れ，南方から伸びている深い谷（現開析谷）に面している．このことは，かつてはこのさらに上流（南方）へ伸びていた旧開析谷が，南方から谷頭侵食で伸びてきた現開析谷に食い込まれたために消失してしまったことを示している．すなわち旧開析谷は，かつて存在した（・130付近よりも）上流部分を，現開析谷によって争奪されたのである．旧開析谷と現開析谷とでは，谷底の高度が異なる．すなわち，旧開析谷底の上流端の高度は130 m余りであるのに対して，現開析谷底は約110 mである．このため，現開析谷が谷頭侵食によって伸長して旧開析谷の谷底に到達した時点で，その到達地点より上流部の旧開析谷の流域は，現開析谷の流域に組み込まれたことになる．

阿蘇火砕流堆積物の分布域で見られる争奪の例として，熊本県菊池市付近（図48）におけるものをとりあげる．ここでは，もともと合志川の一支流として南西方向へ流れていた旧河原川の上流部が，菊池川から南へ伸びてきた一支流によって争奪され，菊池川の流域に組み込まれてしまったのである（図49）．争奪地点は，中原付近であり，争奪の原因は，旧河原川の河床高度（約120 m）と争奪したほうの河川の河床高度（中原付近における現河原川の沖積地面の高度：70～80 m）との間で，数十メートルの高度差が存在したことによると思われる．

争奪された旧河原川の痕跡は，現在，中原付近から南西方向の上古閑や北住吉方面にかけて約4 kmにわたって顕著な谷地形として残存しているほか，中原より上流側では河原川に沿って河岸段丘として断片的に分布し，段丘面上は

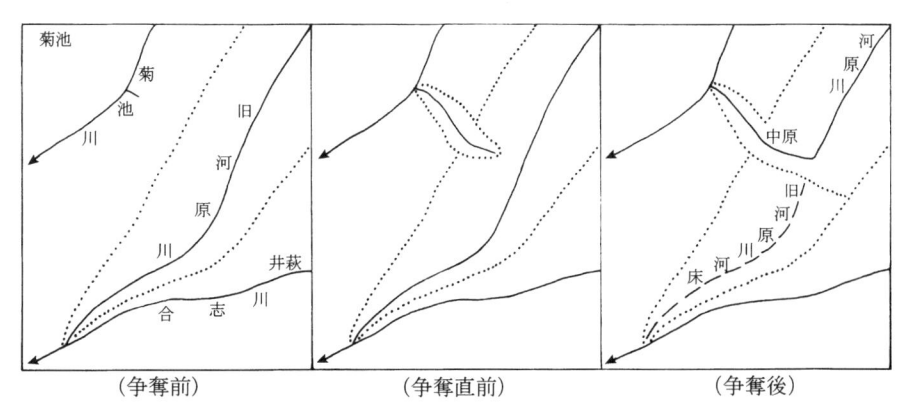

図49　熊本県菊池市付近で生じた河川争奪過程の概念図
点線は流域界．

水田や畑になっている．旧河原川の河床高度は，中原付近では約120m，北住吉付近では約90mで，全体的な河床勾配は $5\sim10\times10^{-3}$ 程度である．この勾配は，先述した伊集院地区に見られる旧開析谷の谷底勾配（約 1×10^{-2}）や菱田川の河成段丘の勾配（ $5\sim10\times10^{-3}$; 図45）ともほぼ同じであり，興味深い．

上述した河原川の河川争奪地点付近では，実はもう一つ興味深い争奪が認められる．すなわち，図48を見ると，南東部にある伊萩の北方には，図の東端中央部付近から南西方向に伸び合志川の河谷に続く谷地形がある．この谷は，最下流部の約700mの区間を除けば，平坦な谷底をもつ旧開析谷である．この旧開析谷は，伊萩の北約1kmの地点で，北のほうから伸びてきた（すなわち河原川の）一支谷に切り込まれ，その支谷は旧開析谷底に沿って約400m伸びている．すなわち旧開析谷は，この支谷によって争奪され，これより上流の旧開析谷およびその流域は，河原川の流域に属していることになる．

河川争奪は，上述したような谷底の顕著な高度差が存在する場合だけではなく，互いに高度差がほとんどない谷の場合でも認められる．例えば上述の合志川の南側に広がる阿蘇火砕流堆積物で構成される台地では，下流側では明らかに別々の開析谷が，上流側ではとくに明瞭な尾根を伴わずに接したり合体したりしている例がかなり認められる．このような開析谷は，一般に隣接する開析谷は明瞭な尾根で隔てられていることからすると，きわめて特異である．これは，隣接する旧開析谷がその伸長発達過程で接合・合流したことを示すものであり，特殊な争奪の例と言えよう．

シラス地域における河川は，一般にはシラスの下の溶結部や基盤岩を刻んで流れている．溶結部も基盤岩も，流水に対する抵抗性はシラスに比べるとはるかに大きい．このため，現河川では下刻や側刻が急速に進行しているわけではない．この意味では，現河川の流路の位置は比較的安定している．一方，旧開析谷は，侵食されやすいシラスを刻んで生じた，シラス原の開析初期段階の谷である．伊集院地域にみられる旧開析谷は，伸長方向もきわめてランダムで屈曲に富んでいるが（前述），これは侵食されやすいシラスの中に生じた発達初期の谷の特徴をよく示すと言える．上述した阿蘇火砕流堆積物の分布域における争奪の例も，シラス地域の場合と同様にいずれも非溶結の堆積物の中にみられるものであり，この意味ではシラスと同様に考えてよい．火砕流堆積物の分布域には，河川争奪の例が少なくないが，これは侵食されやすい非溶結の堆積物の分布域における谷の成長・発達の初期段階では，隣接する谷相互間での流

域の吸収・合併，すなわち争奪現象が活発に行われることを示している．なお，溶結部を谷底にもつ河川相互間で河川争奪が起きた例は，見出されていないようである．

9.6 水系と水系網

シラス地域には，現開析谷や旧開析谷などの多くの開析谷が発達している．現開析谷底には平時でも流水があるものもあるが，上流部の小さな谷などは，平時には流水が見られず，降雨の際にのみ流水が生じるものが少なくない．そこで，平時に流水があるか否かにかかわらず，降雨があれば水が流れる場所すなわち水流（谷底）線を地図上で選び出し，その水流線全部を線で結んだ図を作れば，一つの川の流域については，ちょうど一本の樹木のような線図ができあがる．すなわち，本流やおもな支流は，それぞれ幹やおもな枝に相当し，また，小枝はその支流，最上流部の水流線は葉っぱに通じる小枝に相当するといった構成すなわち水系の図であり，これを水系図という．水系を構成する水流線の構成状況を水系網（排水網，水路網）という．図50および図51はそれぞれ，シラス地域（姶良カルデラ東方地域）および阿蘇火砕流堆積物分布域（阿蘇カルデラ南外輪山）における水系図の例を示したものである．

水系図は，樹木に幹や大枝，小枝などがあるように，本流，支流，上流の小渓流などといった一種の"格"(階級や等級)を異にするさまざまな水流線で構成されている．この格の違いをどのように定義づけてとらえるかということで，従来，いくつかの方法が考えられてきた．現在，最も一般的に使われている"格づけ（ordering)"の方法は，ストレーラー(Strahler)の方法（方式）と言われるものである．この方法では，支流のない（最上流の）水流を1次の水流と呼び，隣り合う1次の水流と1次の水流とが合流すると2次の水流とし，以下，n次の水流とn次の水流とが合流して（n＋1）次の水流とするというものである．1次，2次，3次などを次数（order）と呼び，小さな次数を低次，大きな次数を高次と呼ぶ．なお，実際には高次数の水流に低次数の水流が合流することが少なくないが，この場合には高次数の水流の次数は変えないこととする．水流次数は，水路次数や水路階級などとも呼ばれ，また，各次数の水流に対応した谷を1次の谷，2次の谷などと呼ぶ．図52は，図50に示した月野川の最上流域の水系網を，ストレーラー方式に従って次数ごとに区別して図示し

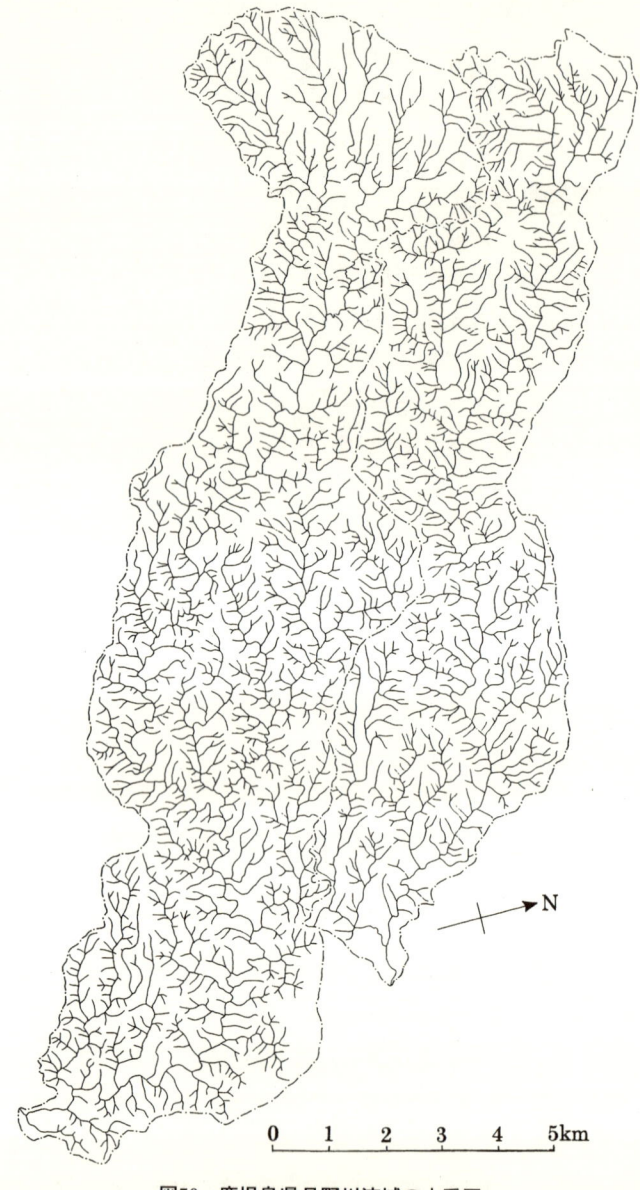

図50 鹿児島県月野川流域の水系図
5万分の1地形図上で作成．

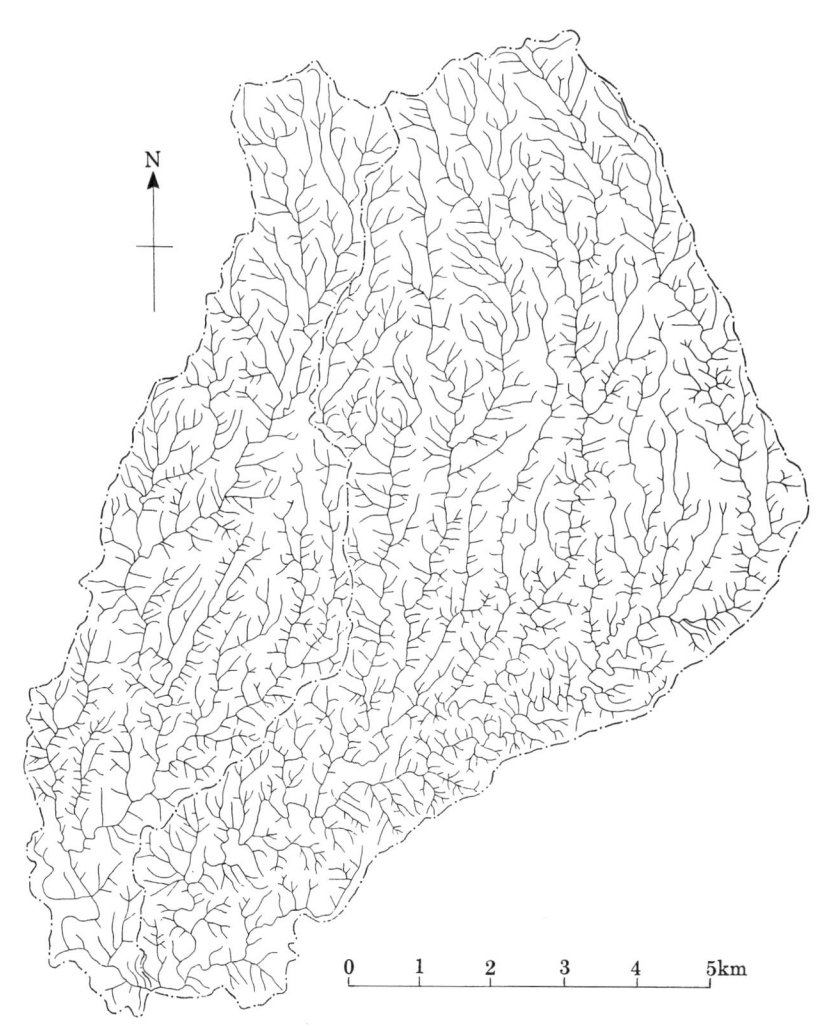

図51　熊本県阿蘇カルデラ南外輪山の水系図
5万分の1地形図上で作成.

た次数区分水系図である.

　樹木の枝振りは，樹種ごとにそれぞれ特徴があり，また，同一樹種でも幼木と成木とで差異があるように，水系網の特徴も場所ごとに多様である．これは，各々の河川流域の地形や地質の特徴，地形や地質が変化してきた歴史的背景などが異なるためである．以下では，シラス地域や阿蘇カルデラ周辺などを例に，火砕流堆積物の分布域に発達する水系網に認められるいくつかの特徴を見てみ

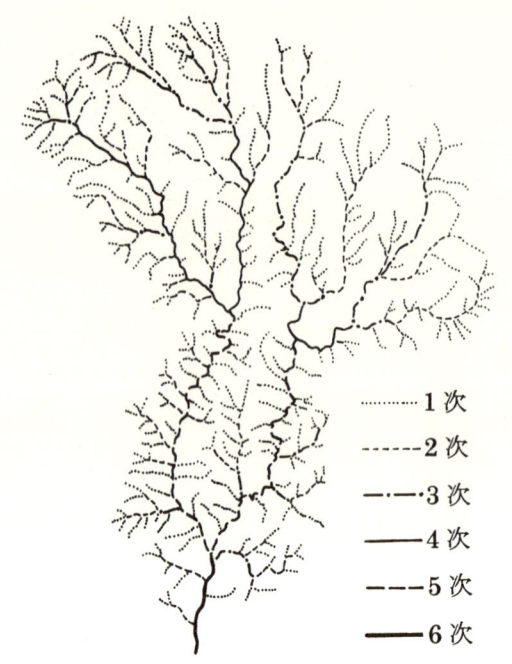

図52　次数区分した水系図（鹿児島県月野川上流域）

凡例:
……… 1次
――― 2次
―・― 3次
――― 4次
――― 5次
――― 6次

る．

9.6.1　水系の位置

　シラス原に新たな開析谷が発生する際，その位置はどのような要因に規定されたのだろうか．シラスが旧地形を厚く覆って堆積し，ほぼ平坦な堆積地形をつくれば，その堆積面上に発生する新たな開析谷は，シラス自身の透水性などの性質や降水量などの要素で決まるある間隔でできるのではないかと思われる．しかし，実際には，シラス地域に発達している開析谷は，シラスの基盤（旧地表）の谷地形の位置に重なっている場合がしばしば認められる．このことは，シラス原の開析谷は，基盤地形の谷地形の位置を踏襲して発達することが多いことを示している．すなわち，シラス原は，基盤地形の起伏にはあまり左右されずにほぼ平坦であるといっても，細かく見ると基盤の起伏を反映した僅かな起伏を伴っており，これが新たな開析谷の"立地"を誘致したことや，シラスの下に埋没している地下水流路（旧地表の谷底すなわち旧河川）が，新たな開析谷の伸長進路を誘導したことなども考えられる．

上述した，火砕流堆積物を刻む開析谷と基盤地形の谷の位置とが互いに重なり合う関係は，溶結した火砕流堆積物の場合にはより一層顕著である．前述したように（第8章），溶結後堆積面は，原堆積面に比べて基盤地形の起伏をより強く反映した起伏をもつ地形である．すなわち，基盤地形の尾根や谷の位置にほぼ対応して，それぞれの真上の溶結後堆積面は高まりや低まりになる（図33）．この結果，溶結後堆積面上に生じる新たな開析谷は，非溶結の堆積物の場合よりもより忠実に旧地形の河谷の位置を踏襲することになる．この典型例が，阿蘇カルデラ東方の大分県竹田地域における阿蘇火砕流堆積物（Aso-4）を刻む開析谷である．ここでは，Aso-4火砕流堆積物を刻んで生じた開析谷は，基盤をなすAso-3火砕流堆積物に刻まれている谷地形の位置を"正確に再現"していることが見出されている（小野ほか，1977）．

9.6.2　必従河流（必従谷）

シラス原に新たに発生・発達する開析谷（水系）は，全体としてはシラス原の最大傾斜の方向，すなわち原地形の等高線に対しては直交するような方向に発達すると思われる．このように，おおむね地表の傾斜の方向に流れる河流（または河谷）を必従河流（または必従谷）と呼ぶ．実際に，シラス地域には全体として必従河流が発達している（例えば図30，31，32）．ただし，必従河流をなすのは，通常，次数が3〜4次以上のものであり，それより低次の支流は，地表の全体的な傾斜方向とはとくに調和的な関係を示さない無従河流（無従谷）である．

必従河流は，阿蘇・十和田・支笏カルデラ周辺地域などをはじめ，いまから10万年程度以前よりも新しい火砕流堆積物が広く分布する地域に一般的に認められる．

9.6.3　水系密度

図53は，阿蘇火山の東端に位置する根子岳から阿蘇カルデラの東外輪山にかけて広がる，山崎川流域の水系図である．この流域は，大分平野を流れる大野川の最上流部の地域である．この図を一見してすぐ気づくことは，上流部（西半部）と下流部（東半部）とで水系網の特徴が顕著に異なることである．すなわち，上流部では，1次や2次を主とする低次数の水流がきわめて密に発達しており，下流部に比べて明らかに水系の密度が高いことがわかる．このことは，

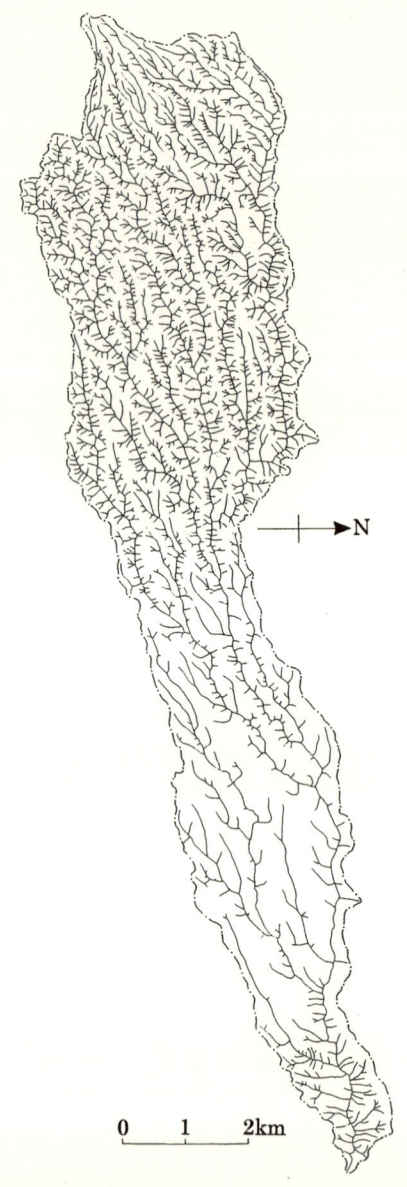

図53 阿蘇カルデラ東方・山崎川流域の水系図
5万分の1地形図上で作成.

図54 阿蘇カルデラ東方・波野地域の地形図（5万分の1「阿蘇山」NI-52-5-15（大分15号）昭和51年編集）．大半の場所は，大分平野へ流れ出る大野川の上流域に属す．西端部は，阿蘇カルデラの東端部にあたる．

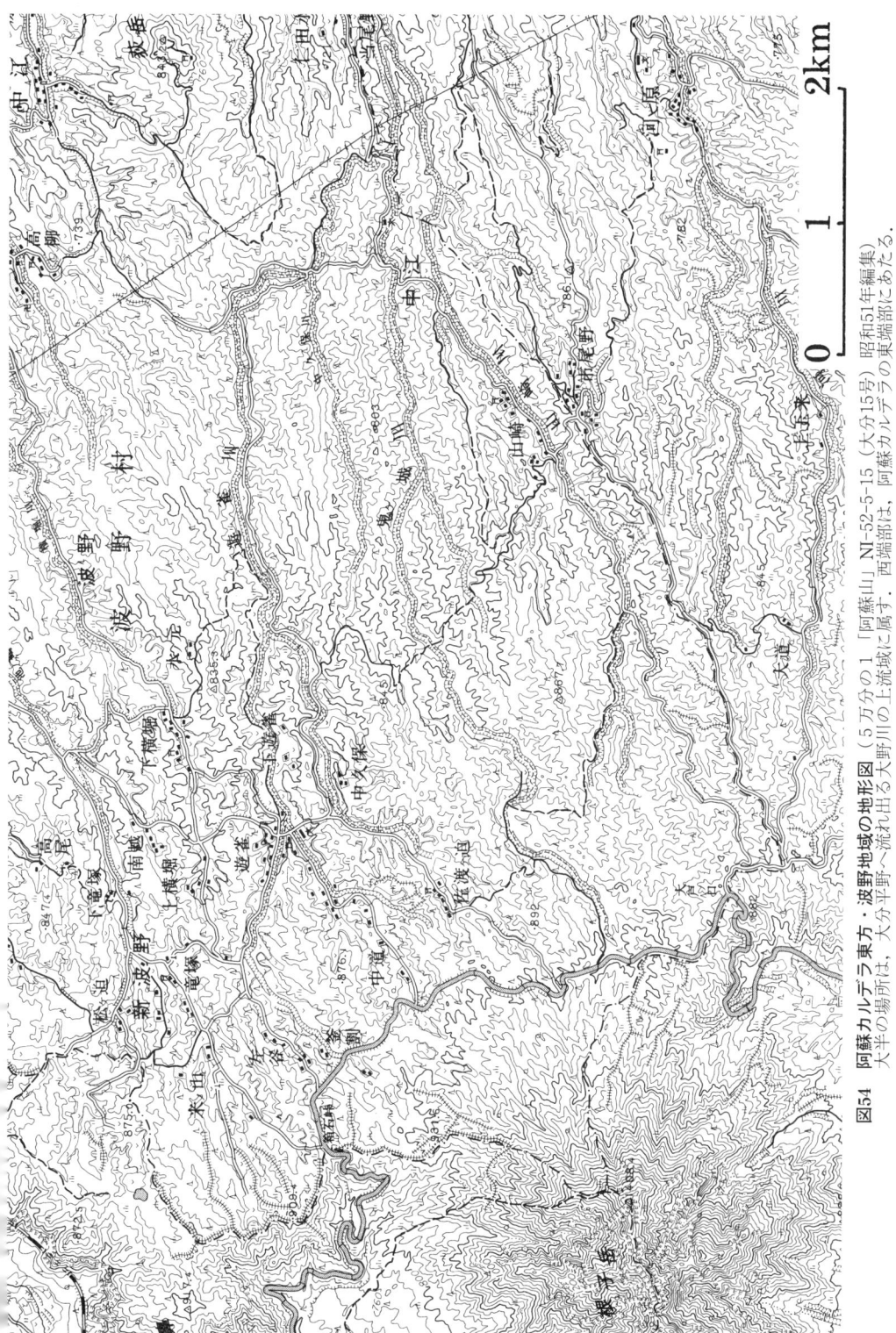

阿蘇カルデラ周辺外輪山のほかの地域における水系網（例えば図51）と比べてみても同様である．

　上述した高い水系密度は，低次数の谷が多数発達していること，換言すると小さな山ヒダの多い地形が発達していることを意味する（図54）．この地方の"波野"という地域名は，この山ヒダの多い地形的な特徴に由来するものと思われる．このような水系密度の高い場所は，阿蘇カルデラ周辺でもとくに東外輪山地域に限られている．東外輪山地域は，阿蘇外輪山のほかの地域とは異なる地質上の大きな特徴がある．すなわちこの地域は，堆積物のほぼ全体が溶結した阿蘇火砕流堆積物（Aso-4B，9万年前に堆積）の分布域に相当し，ほかの地域が上部に厚い非溶結部を伴う火砕流堆積物（Aso-4A）で占められているのとは著しい対照をなす．溶結した火砕流堆積物は，非溶結の堆積物に比べて間隙率が低いため浸透能が小さく，堆積面上では地表流が生じやすくなる．すなわち，溶結凝灰岩の上面では，布状洪水が起きやすくなるとともに水系密度も高くなることが考えられる．大分県の耶馬溪地方にある深耶馬溪地区も，このような高い水系密度が認められる場所の例としてあげられる（図55）．この地区は，"耶馬溪溶結凝灰岩"（約100万年前）で構成され，阿蘇の東外輪山地域と同様，低次数の谷が多数発達し，水系密度がきわめて高いのが特徴である．

　上述したことから，阿蘇東外輪山地域における高い水系密度の原因として，

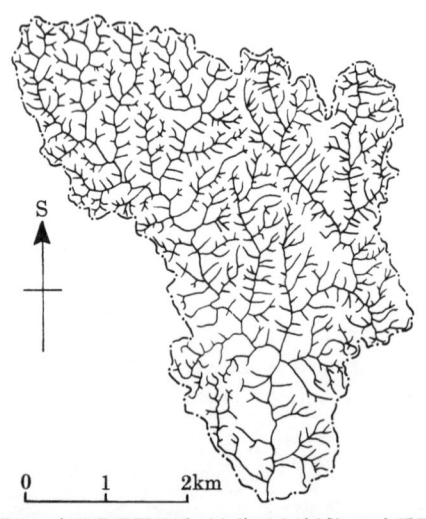

図55　大分県深耶馬溪（山移川上流域）の水系図
　　　5万分の1地形図上で作成．

Aso-4Bの存在が関与していることが考えられる．ただし，この地域は阿蘇火山の東方に位置し，阿蘇火山源のテフラが最も多量に堆積した場所であり，地表は阿蘇周辺地域のほかのどの地域よりもはるかに厚いテフラ・土壌層で覆われている．このため，この地域の野外で実際に観察できるのは，ほとんどがテフラ・土壌層のみで，その下位の溶結凝灰岩（Aso-4B）はいくつかの限られた場所の河床でしか観察できない．すなわち，溶結凝灰岩の表面起伏が高い水系密度の特徴を示すことが，野外で実際に確かめられているわけではない．したがって，この地域における高い水系密度の理由については，ボーリングなどの別な手法による調査も加えた上でさらに検討する必要がある．

9.6.4 ホートンの法則と検証

水系に関しては，水系網を構成する各次数の水流の数，長さ，勾配，流域面積などに，ある一定の規則性があることが知られており，ホートン（Horton）の法則と呼ばれている．ホートンの法則には，第1法則（水流の数の法則），第2法則（水流の長さの法則），第3法則（水流の勾配の法則），第4法則（水流の流域面積の法則）の四つがあり，いずれも等比級数的な関係式で表される．

火砕流堆積物の分布域に発達している水系の特徴を，ホートンの法則との関連で論じた研究はあまり見られない．そこで，ここではとくに，姶良カルデラと阿蘇カルデラの周辺における火砕流堆積物の分布域に発達する水系を対象に，ホートンの第1法則に関する検討をしてみる．

ホートンの第1法則は，"ある水系の水流の数は，次数の増大とともに等比級数的に減少する"というものである．すなわち，1次と2次，2次と3次の水流などのような隣り合う次数間の水流数の比率（これを分岐比という）は，一定であるということである．例えば，ある流域の水流の最高次数が6次で，分岐比が4であると仮定してみる．この場合，最高次数の水流数は1であるから，6次，5次，…，1次の水流数は，それぞれ1，4，16，64，256，1024となる．実際には，分岐比はこの例のように常に完全に一定というわけではなく，通常は多少のバラツキを伴い全体としては一定とみなせるということである．分岐比は一般に，3.0～5.0の値をとると言われている．

表4は，図49と図50に示した水系に関して，次数ごとの水流数および分岐比を示したものである．図49と図50の地域は，全域がそれぞれシラスおよび阿蘇火砕流堆積物でほぼ占められている地域である．この意味で，これらの水系は

表4 シラス地域および阿蘇カルデラ南外輪山における水流数と分岐比

	河川名	次数	1次	2次	3次	4次	5次	6次
シラス地域	前川	水流数 分岐比	639	175 3.7	39 4.5	9 4.3	2 4.5	1 2.0
	月野川	水流数 分岐比	1195	268 4.5	56 4.8	10 5.6	3 3.3	1 3.0
	前川・月野川	水流数 分岐比	1834	443 4.1	95 4.7	19 5.0	5 3.8	2 2.5
阿蘇南外輪山	五老ケ滝川	水流数 分岐比	514	101 5.1	20 5.1	4 5.0	1 4.0	
	笹原川	水流数 分岐比	1061	214 5.0	36 6.0	4 9.0	2 2.0	1 2.0
	五老ケ滝川・笹原川	水流数 分岐比	1575	315 5.0	56 5.6	8 7.0	3 2.7	1 3.0

火砕流堆積物の分布域に見られる水系網の特徴を示していると言えるであろう．

表4によれば，両地域における分岐比は，後者のほうがやや大きい値を示すほかはとくに顕著な差異は認められない．また，分岐比は，表の数値だけを見る限り，かなりのバラツキがあるようにも見える．しかし，水流次数と各次数ごとの水流数との関係を片対数のグラフで表現すると，両者は全体としては直線的な関係すなわち等比級数的な関係があることがわかる（図56）．分岐比に見られるこのバラツキは，自然現象の場合に一般的に見られるバラツキであり，注目すべきことは，あるバラツキを示しながらも全体としては一定の傾向（規則性）が保持されているということである．

9.7 火砕流丘陵

火砕流台地の削剥が進行すると，台地面はしだいに縮小し，遂には消失する．台地面が消失すると，地形は丸みを帯びた尾根をもつ丘陵状になることが多い．これを火砕流丘陵と呼ぶこととする．シラス地域における丘陵は，シラス台地周辺部に，台地から派生するように発達しているものが多い（例えば，図2の須川原や平野原などの周辺，図39の台地面に続く稜線）．丘陵の主稜線（尾根）は，シラス台地面との高度差はほとんどなく，シラス台地面になだらかに連続している．このような高度分布の特徴を"定高性"があるという．定高性のある丘陵の稜線は，堆積面からの削剥低下量が軽微であること，すなわち稜線高

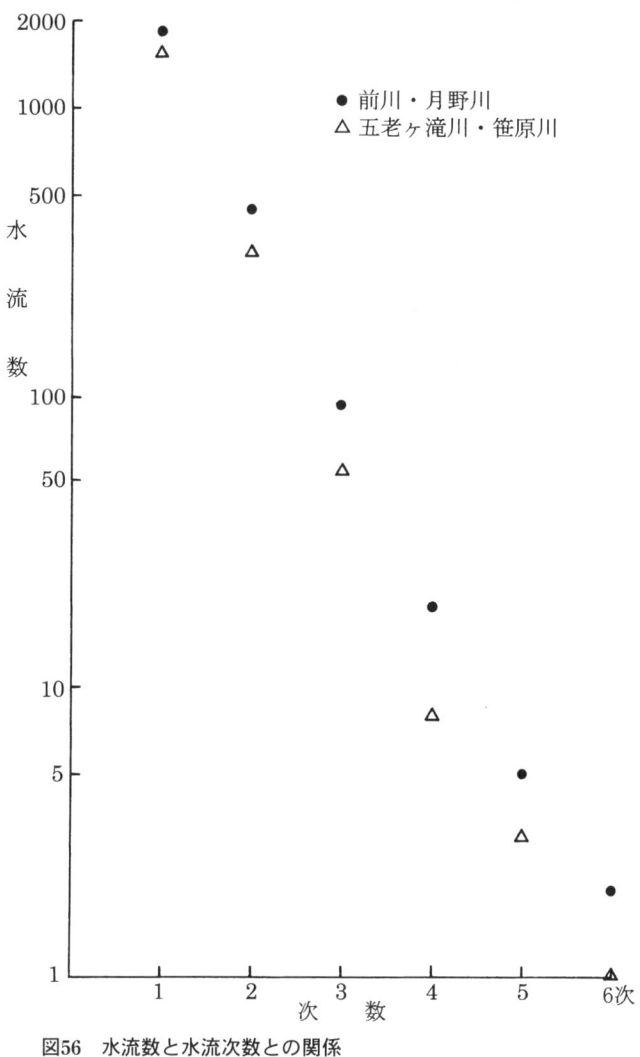

第9章 シラスの侵食過程と火砕流堆積物の侵食地形　121

```
     2000
          ●
            △
     1000
                    ● 前川・月野川
                    △ 五老ヶ滝川・笹原川
      500
             ●
             △
  水
  流  100
  数           ●
              △
       50

       10
                     ●
                     △
        5
                          ●
                          △
        1
                               ●
                               △
            1    2    3    4    5    6次
                     次　数
```

図56　水流数と水流次数との関係
　　●：前川・月野川流域（シラス地域）
　　△：五老ケ滝川・笹原川流域（阿蘇火砕流堆積物地域）

度は，ほぼ堆積面のレベルを保持していると考えられる．このように，定高性を示す稜線が残存している丘陵では，この稜線高度をもとに堆積面高度の大勢の復元が可能である．

　阿蘇カルデラの北，東，南外輪山には，おもに阿蘇火砕流堆積物（Aso-4）で構成される火砕流丘陵（一部は，火砕流台地）が広く発達する．図57は，阿

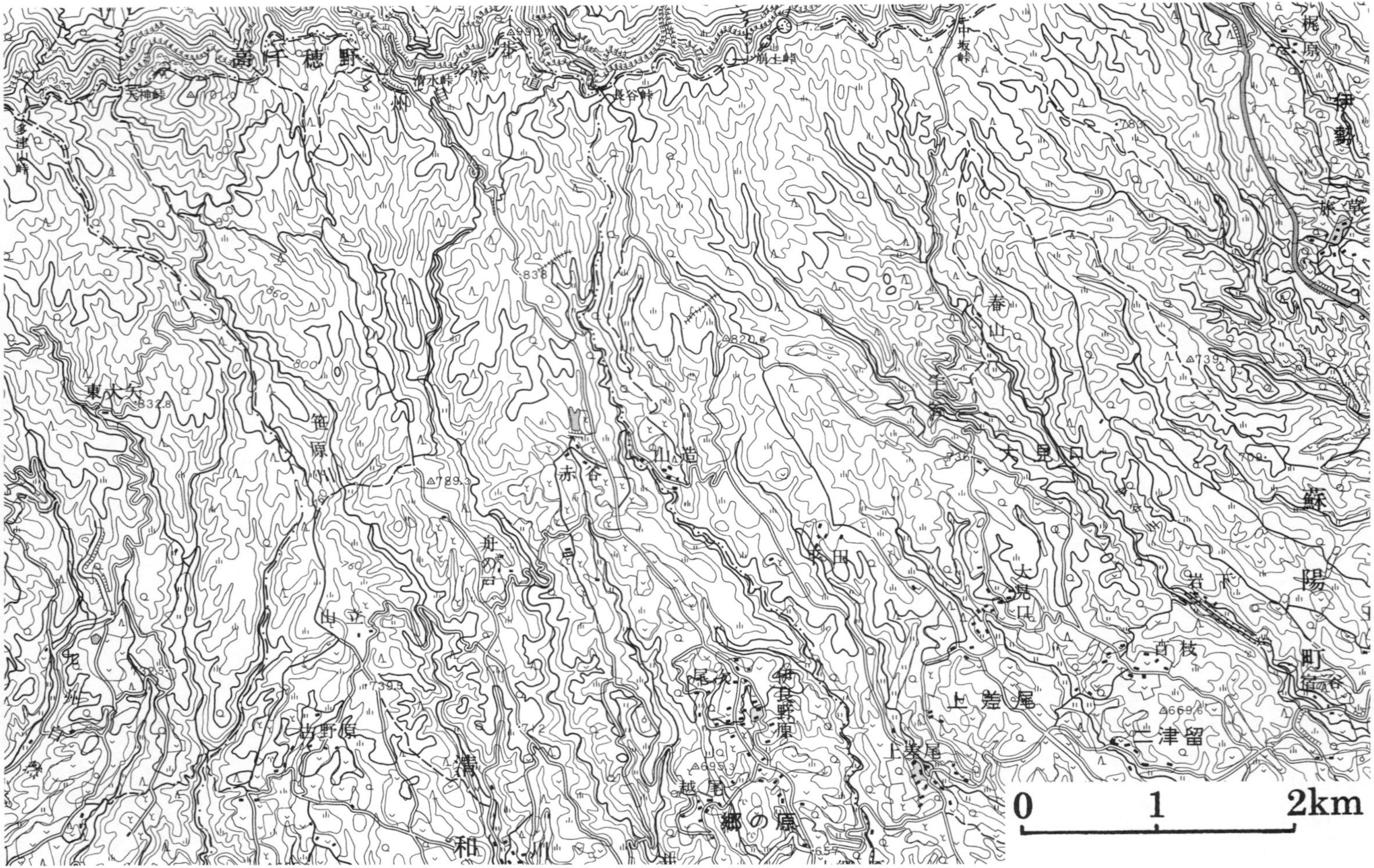

図57 阿蘇カルデラ南外輪山地形図（5万分の1「高森」NI-52-5-16（大分16号）平成4年修正）．阿蘇カルデラの南側のカルデラ壁．北端を東西に走る廃線（多くの峠がある）は，阿蘇カルデラの南側のカルデラ縁．

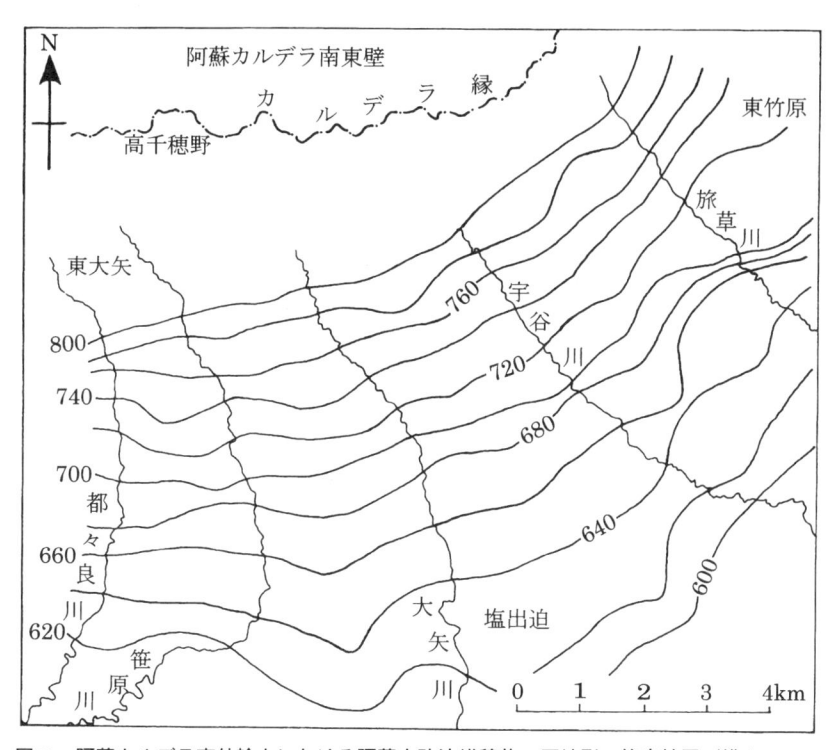

第9章　シラスの侵食過程と火砕流堆積物の侵食地形　　123

図58　阿蘇カルデラ南外輪山における阿蘇火砕流堆積物の原地形の等高線図（横山，1983による）
5万分の1地形図上で幅2kmの谷を埋積して作成した埋積接峰面図．800mより高い部分の等高線は省略．

蘇南外輪山地域の一部の地形図である．この地形図を見ると，この地域の地形は一見きわめて複雑に見えるが，稜線の高度に注目すると定高性が著しい．図58は，この稜線高度に基づいて復元した阿蘇南外輪山地域における阿蘇火砕流堆積物の堆積面高度の復元図（接峰面図）に，主要水系を重ねて示したものである．この図からも明らかなように，この地域には，火砕流の堆積当初は，きわめて単純な原地形すなわち南方へ緩やかに傾く堆積面（火砕流原）が形成されたことがわかる．また，この地域の水系は，全体としてはこの原地形に対して必従河流であり，現在の水系の起源は，この堆積面が生み出した必従河流にさかのぼることを示している．

9.8 バッドランドとテント岩

　火砕流堆積物が著しい侵食を受けると，きわめて起伏に富む複雑な侵食地形が形成されることがある．ここでは，バッドランドとテント岩について論述する．

　バッドランド（badland，悪地地形）は，もともとアメリカ西部で，馬による通過も困難で農耕地にも向かないような，きわめて複雑な起伏の土地に対して使われた呼称である．バッドランドは，水系密度がきわめて高いこと，換言すると無数の小開析谷系と（その開析谷間の狭い）稜線系が複雑に入り組みあって発達していることが特徴である．バッドランドは，流水による侵食をとくに受けやすい堆積物が激しいガリー侵食を受けて形成される地形であり，固結度のきわめて低い泥質岩の分布域によく見られる地形である．このバッドランドの地形と似た複雑な地形が，火砕流堆積物の侵食の結果生じることがある．

　シラス地域をはじめ，国内における火砕流堆積物がつくるバッドランドは，いずれも狭小で，広域にわたる例はないようである．阿蘇カルデラ西方の熊本県菊池市（前述した河原川の河川争奪地点付近）には，一部にバッドランドと呼びうる場所がある．すなわち図48の東部にある等高線がきわめて複雑に入り組んでいる地区である．ここでは，面積約 1 km×700 m の地区に，非溶結の阿蘇火砕流堆積物（Aso-4）が激しい侵食を受け，きわめて起伏に富む地形が発達している．このような地形は，阿蘇カルデラ周辺でもほかの場所には見出されず，ここだけでこのような地形が生じた理由はよくわからない．シラス地域では，ガリーが発達している場所は少なくないが，とくにバッドランドと言えるほどのある程度の広がりをもつ場所はないようである．ただ，シラス地域では，シラスの造成地を放置しておくと，激しいガリー侵食が起こり，バッドランド状になることがある（口絵E）．

　テント岩は，火砕流堆積物（一部には，火砕流堆積物以外の火砕堆積物や水成堆積物が含まれることもある）が侵食されて生じた巨大な土柱状の岩体である．テント岩という言葉は，アメリカのニューメキシコ州のバイアス（Valles）カルデラ周辺部に見られる土柱状岩体（口絵J）に対して使われている"tent rock"という呼称の訳語である．テント岩は，非溶結の堆積物で構成され，大きいものでは高さ10 m以上，基底径は数メートル以上に及ぶ．テン

ト岩の頂上には，岩塊が載っているものも見られる．テント岩は，一般に孤立せず，多数が群がって分布する特徴があり，その群立するさまは壮観である．このテント岩が密集群立した場所は，一種のバッドランドに相当する．

トルコ中央部のアナトリア高原にあるカッパドキアは，テント岩の"本場"とでも呼ぶべき地域である．この地域では，各地に無数のテント岩群がつくる特異な景観が見られ（口絵K），そのうちのいくつかの場所は日本人観光客もよく訪れる観光地になっている．この地域のテント岩に対しては，観光ガイドブックなどでは，"fairy chimney"，"奇岩"，"キノコ岩"，"土筆のような岩峰"，"岩錘"などさまざまな表現が見られる．

日本では，火砕流堆積物は各地に広く分布しているが，テント岩群が見られる場所は，私の知る限りではないようである．ただし，シラスをはじめ，非溶結の火砕流堆積物の場合，高さ数センチメートル程度の土柱群なら各所で観察できる（口絵F）．この種の微小な土柱では，頂上に軽石塊や石質岩片が必ず載っていることが特徴である．

テント岩（群）はなぜ，どのようにしてできるのだろうか．テント岩の成因については，土柱状の岩体が形成される理由ないしは過程，テント岩が密集する理由，テント岩を生じている堆積物と生じていない堆積物がある理由などが，解明すべきおもな問題点になると思われる．しかし，これらに関しては，従来，ほとんど議論がなされていないようである．

テント岩の成因を考える上で，まず考えられるのは，流水による侵食に対するテント岩の構成物の抵抗性（の大小）である．すなわち，抵抗性の差異（大小）が，テント岩形成の可否に関与するという考えである．この抵抗性の指標（評価基準）は明確に確立されているわけではないが，例えば堆積物の固さや固結度などは抵抗性と密接に関係していると思われる．実際に，カッパドキアの現地で，山中式土壌硬度計（前述，第2章）を使って計測してみたテント岩の構成物の硬度は，30～35程度（バネ伸張目盛：mm）であった．これは，例えばシラスの硬度（25～30程度）よりはやや大きいものの，日本のほかの火砕流堆積物に比べてとくに大きい値ではない．したがって，カッパドキアの堆積物がとくに"固い"ために，テント岩が形成されたとは考えにくい．

カッパドキアやバイアスカルデラ周辺のテント岩の形成については，ガスパイプが関与しているという考えがある．これは，ガスパイプの部分が，通過したガス（噴気）の作用でほかの部分よりもより強く固結したために，侵食に対

する抵抗性が強く，侵食を免れて残留するというものである．確かに，ガスパイプが関与して，周囲よりも突出した侵食地形が生じている例は存在する．しかし，テント岩の形成にガスパイプが一般的に関与しているとは考えにくい．例えば，カッパドキアのテント岩は，私の現地観察によれば，ガスパイプとの関連性はとくに認められなかった．また，シラスの場合，ガスパイプはシラスの中に普遍的に見出されるが，テント岩そのものが見出されない．しかも一般に，シラスの中のガスパイプは，ほかの部分よりもはるかに固結度が低い．したがって，テント岩の形成にガスパイプが一般的に関与しているとは言えない．いずれにせよ，野外観察による限りでは，テント岩を構成する堆積物と日本で普通に見られる堆積物と，固さやそのほかの外見上の特徴も含めて，とくに顕著な差異は認められない．つまり，堆積物がもつある特別な性質が，テント岩をつくる大きな要因になっているとは考えにくいというのが，私の印象である．

　テント岩をつくる原因が堆積物の性質に求めにくいとすると，外的環境すなわち降雨条件などの差異が，テント岩形成の可否を左右した可能性が考えられる．テント岩が見られるカッパドキアやアメリカ西部とテント岩が形成されていない日本との外的環境の差異は，前者が乾燥気候下にあるのに対して，日本は湿潤気候下にあることである．この気候環境の違いが，テント岩の形成にどのように関与しているか具体的には明らかではないが，降雨時間や降雨頻度，降雨強度，降雨量などの差異が，テント岩形成の可否に何らかのかかわりがあるのかもしれない．

9.9　火砕流凹地

　シラス台地面上をはじめ火砕流台地上には，時折，凹地が見られる．凹地の大きさ，外形，深さなどの形状はさまざまであるが，総称して火砕流凹地と呼ぶ．最も多く一般的に見られるのは，円形ないしは楕円形の輪郭をもつ擂り鉢状ないしは箱型の凹地で，直径は最大で約200 m，深さは10 m程度以下，小型のものでは，直径，深さともに数メートル以下である（図59）．シラス地域に見られるこの種の凹地は，石灰岩地帯に見られるドリーネ（doline）との類似性から"シラスドリーネ"と呼ばれており（写真11），また，阿蘇火砕流堆積物の分布域に見られるものに対しては"辰ホゲ"という俗称（ホゲは，穴の意味の方言）もある（写真12）．シラスドリーネは，シラス地帯のほぼ全域に散

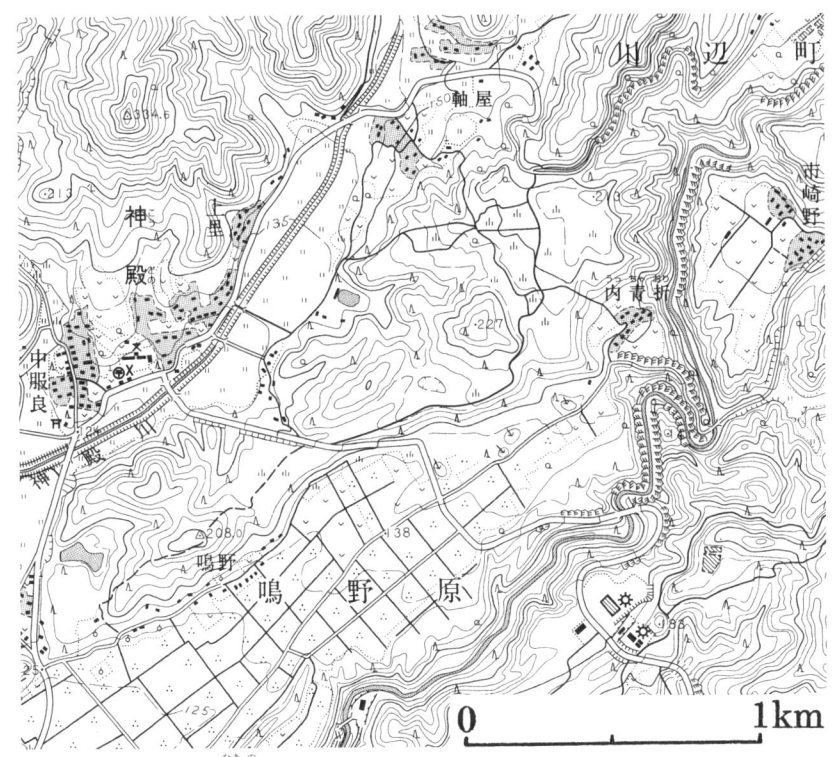

第 9 章 シラスの侵食過程と火砕流堆積物の侵食地形　127

図59　鹿児島県川辺町鳴野原の火砕流凹地（2万5千分の1地形図「神殿」NH-52-7-12-1（鹿児島12号-1）平成6年修正測量）
内青折と鳴野集落の間に四つの凹地（矢印記号）があり，図中央部の・227の南西約250 mにも凹地（記号）がある．市崎野～内青折～鳴野原と続く平坦地は，シラス台地が開析されて形成された河成段丘面．内青折北西部の平坦地（標高約200～210 m），・227の山地南方の平坦地（標高170～190 m，ここに凹地がある），△208.0の北東にある平坦地（標高160～170 m）などはシラス台地面．

写真11　シラスドリーネ（宮崎県田野町平和）

写真12　辰ホゲ（熊本県七城町の台台地）

在しているが，宮崎市付近（5万分の1地形図「宮崎」図幅内）にはとくに多い．凹地底は，自然のままに放置され植生に覆われている場合が多いが，比較的平坦なものは畑として利用されているものもある．

　火砕流凹地は，非溶結の火砕流堆積物の中をまとまって流れる水流，すなわち一般的には堆積物の基底（基盤地形の谷）に沿って流れる地下水流によって堆積物中の細粒物質が運び出されることで，地下水流路（水脈）沿いに空洞が発生・成長し，ある場所で空洞の天井が陥没して生じる地形であると考えられる．したがって，凹地底の一角には，凹地内の水を排水する"吸い込み穴"があり，これが地下の空洞と繋がっていると思われる．このような凹地が見られる場所一帯の地下には，地下水流路に沿う空洞が鍾乳洞のようにのびているものと思われる．そのような空洞の一部が，建設工事などの際に実際に見出されることが時折あるが，地下における空洞全体の詳しい実体が明らかにされた例はない．

　石灰岩地域では，近接したドリーネが連合合体してウバーレ（uvala，連合擂鉢穴）が生じることがあるが，これと類似したプロセスで生じたと思われる火砕流凹地も存在する．宮崎県北諸県郡高城町の平八重地区や宮崎県宮崎郡田野町の七野付近に見られるものはこの典型例である．

　平八重地区に見られる凹地は，大淀川と国道10号線にはさまれたシラス台地内にあり，凹地全体が通常の開析谷と同様の形状（樹枝状の輪郭）をもつものの，最下流部が明らかに閉じている谷状凹地である（図60）．この凹地は，平

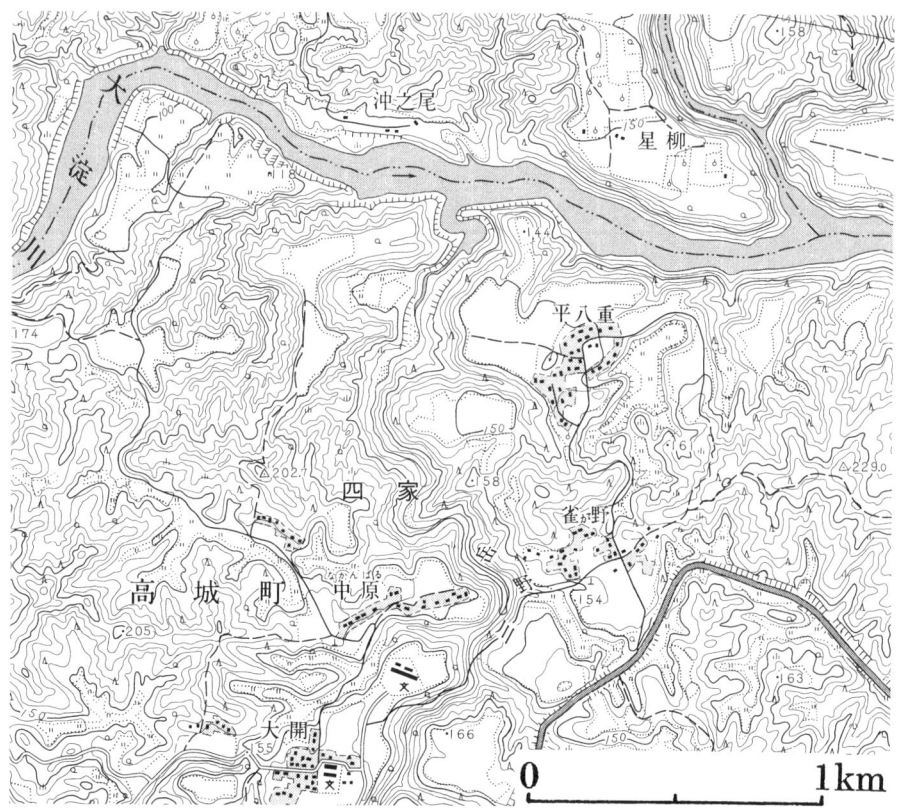

第9章　シラスの侵食過程と火砕流堆積物の侵食地形　　129

図60　宮崎県高城町平八重地区の火砕流凹地（2万5千分の1地形図「紙屋」NH-52-1-13-1（宮崎13号-1）昭和45年修正測量）
南東部の道路は国道10号線．平八重集落の東側に北東−南西方向に伸びる凹地があり，西側にも小凹地（矢印記号）がある．また，南方の学校の東方約500 mのシラス台地上（国道10号線付近）にも凹地（記号）がある．凹地周辺の平坦地はいずれもシラス台地面．

八重集落付近から南方の雀が野集落のほうへのび，流域長は約750 mに及んでいる．この凹地の周囲には，平坦なシラス台地（堆積面）が発達し，凹地は高さ約10 mのシラスの急斜面で囲まれ，凹地底は，シラス地域における通常の開析谷の場合と同様，水田として利用されている．ここの凹地は，石灰岩地域に見られるウバーレ（上述）になぞらえて"シラスウヴァーレ"と呼ばれたことがある（遠藤，1974）．この凹地は，北方へ流れる地下水流路に沿って，当初，ドリーネ群が生じ，それが連結し，さらに成長した結果，現在見るような形状になったと思われる．現地の農夫の話では，ここの凹地底は，"昔は大雨の時には水没し，水が引くのに何日もかかった"という．現在は，凹地の下流端（北

端）から高さ135 cm，幅1 mのコンクリートのトンネルがつくられ，大淀川のほうへ排水されている．

　七野付近の火砕流凹地は，田野町の中心部から西方へ約3.5 kmのシラス台地上にある（2万5千分の1地形図では，「田野」と「築地原」図幅にまたがる）．この凹地は，深さは10 m程度，長さは南北に1 km余りにも及び，上述の平八重地区のものよりも規模が大きく，この種の火砕流凹地の例としては最大規模のものである．凹地底は，平八重地区と同様，水田になっている．現在，この凹地の下流端（北端）からは，コンクリートの箱形地下排水路（地元の人の話では，"中を軽トラックで走れる"大きさ）がつくられて排水されているが，この排水路の施設以前には，この凹地底も大雨の際にはしばしば水没したという．

　私は，かつて田野町付近における野外調査の折に，大雨の際に近くで陥没が起こり，下流の水田が運び出されたシラスで埋まったという話を，現地の人から聞いたことがある．これは，地下水流とそれによる侵食量が大雨で増大したことを示すものと思われる．このように，大雨の際に地下の空洞の拡大や陥没が起きる例はかなり多いようである．なお，薩摩半島南部の知覧では，陥没したシラスが地下水流を堰き止めたため，台地上に水が溢れ出たという話がある（桑代，1961）．また，熊本県菊池市付近の台台地（阿蘇火砕流堆積物で構成される火砕流台地）上では，貯水池底が陥没して水が抜け，そこから地下水流路の下流側へ数百メートル離れた場所では新たな陥没が起こり，一方，別の場所では土砂混じりの水が地上に噴出したこともあるという（桑代，1969）．

　火砕流凹地は，台地の縁辺付近や開析谷谷頭の上流延長線上にあることが多い．これは，開析谷が台地下にのびている地下水流路と繋がっていることを示すとともに，地下水流路の下流部すなわち台地縁辺部ほど地下水の流量ならびに地下水による侵食量が増大するために空洞もより大きく成長し，その結果，陥没も起きやすいことを示すと思われる．

　上述した凹地のほかに，シラス台地上には，凹地としての認定が困難なほどのきわめて浅い（深さは1～2 m以内の）"凹地"が存在する．国分市の春山原にみられるもの（図2にみられる二つの凹地記号）はその例である．これらの"凹地"は，全体として平坦な台地上にあるため，集水域の明確な設定は困難であるが，集水域径は数百メートルに及ぶと思われる．ただ，これらの"凹地"は，現地で観察した限りでは，確かに凹地であるのか，きわめて浅い谷地

形であるのかの判断が困難であった．実際に，平成12年要部修正の5万分の1地形図では，凹地記号は示されていない．

9.10 溶結部の侵食地形

　溶結凝灰岩は，溶結の程度によって差はあるものの，シラスのような固結度の低い非溶結の堆積物とは違って，固結した岩石であり，岩盤または岩体と呼ぶべきものである．したがって，流水などの侵食作用に対する抵抗性は，非溶結の堆積物に比べて格段に大きい．このため，非溶結の堆積物には見られない特有な侵食地形が生じる．

　河川が溶結部を刻み込んで流れている場合，両岸は切り立った河谷壁をなし，河床部には起伏に富む岩場や岩畳，滝，瀬や淵などが発達した峡谷ないしは渓谷をつくりだし，これらは景勝地として人々が訪れる場所になっている場合が少なくない（後述の表6）．北海道の層雲峡（"十勝溶結凝灰岩"）や宮崎県の高千穂峡（阿蘇火砕流堆積物）は，その代表例である．

　河谷壁には，溶結凝灰岩がしばしば露出し，顕著な柱状節理が認められる．河谷壁の上部には，溶結凝灰岩が侵食されてさまざまな形状の"岩塔"が形成されることがある．大分県の耶馬渓地方の各地（5万分の1地形図「耶馬渓」図幅内の各地に"耶馬渓"と表記されている場所）に見られる"奇岩怪石"はこの例であり，そのうちのいくつかは景勝地として多くの観光客が訪れる場所である．

　溶結凝灰岩がつくる河床には，全体として平坦な岩床をなすもの，平坦な岩床を刻む河水の流路（縦溝）が発達したもの，乾燥地で見られるヤルダン（yardangs：軟らかい堆積物がおもに強風による侵食を受けてできる地形）に類似した複雑な形状の岩場をなすものなどが見られる．ここでは，それぞれを平滑河床，縦溝河床，ヤルダン状河床と呼ぶことにする．これら三つの型の河床は，河床の侵食程度の差異に基づく区分であり，溶結凝灰岩がつくる河床地形の発達段階を示していると考えられる．

　平滑河床は，ある場所の河床の全体または大半が，平坦な岩床で占められているもので，大隅半島南部の田代町花瀬（雄川，阿多火砕流堆積物），大隅町南部の大鳥峡（大鳥川，入戸火砕流堆積物），熊本県菊池市の菊池渓谷（菊池川，阿蘇火砕流堆積物），深耶馬渓のうつくし谷や錦雲峡（山移川，耶馬渓溶

写真13　平滑河床（鹿児島県田代町花瀬）
手前側が上流.

結凝灰岩）などに典型例が見られる．とくに田代町花瀬のものは規模が大きく，中心部（花瀬自然公園）では，幅50〜60 mもの平坦な岩床が500 m以上の距離にわたって発達している（写真13）．平滑河床のうち，河床全体がほぼ平坦な岩床で占められているものの中には，平時でも河床全体にわたって流水が認められるものがある．しかし一般には，平坦な河床の一部を刻んで溝（河水の流路で，深いものでは峡谷状のものもある）が生じ，平時の河水はここを流れるため，平坦な河床面は増水時のみにしか水没しないものが多い．峡谷状の流路壁には，ポットホール（pothole, 甌穴，かめ穴とも言う．岩盤表面にできた円形の深い穴）がしばしば認められる．平滑河床は，全体としてほぼ水平で，かつ，溶結程度が水平方向にほぼ均一であるという特徴をもつ溶結部を刻んで，河川が流れる場合に形成されると思われる．平滑河床は，溶結部を水平面で切った断面に相当するので，河床には，柱状節理を水平面で切ったときに現れる多角形の模様すなわち亀甲状の模様が認められる（前述，第4章）．

　縦溝河床は，平滑河床を刻み込む溝が何条か発達した段階のもので，溝と溝の間には平坦な岩床面が認められる（写真14）．平時の河水は溝の中を流れ，溝沿い（溝壁）にはポットホールが認められることが多い（口絵H）．溝の深さや幅は多様である．

　ヤルダン状河床は，多数の縦溝とその間に立ち並ぶ多数の岩塔状ないしは複

第9章　シラスの侵食過程と火砕流堆積物の侵食地形　133

写真14　縦溝河床（鹿児島県牧園町，犬飼滝の直上流）
入戸火砕流堆積物，河川は中津川（手前側が下流）．

雑な形状の小岩体（高さ数メートル以下）とが河床を構成しているもので，縦溝河床の侵食がさらに進んだ段階の河床地形と言える．宮崎県都城市の関之尾の滝上流の河床（口絵I）や人吉市のカマノクド（加久藤火砕流堆積物）などはこの例である．熊本県深田村の明廿橋下流の球磨川河床（加久藤火砕流堆積

写真15　ヤルダン状河床（熊本県深田村）
手前側が下流，上流に見えるのが明廿橋．白く見えるのは軽石レンズ．

物）には，この型の河床が広く発達していたが（写真15），残念なことに一部は人工的に破壊されてしまった．

溶結凝灰岩の岩畳が続く河床には，大小の落差を伴う傾斜変換部（遷急点）がしばしば存在する．遷急点の落差や間隔（遷急点間の距離）は，場所によって多様である．すなわち，落差は1m以下の微小なものから高さ数十メートルに及ぶもの（滝）まであり，また，間隔も数十メートル以内～数百メートル以上まである．このため，溶結凝灰岩で構成される河床の縦断面形は，沖積河川の縦断面形に比べるとはるかに複雑である（例えば図45）．このような複雑な縦断面形の形成には，火砕流堆積物内における溶結程度の差異が関与していると思われるが，この種の問題に関する研究は，従来ほとんどなされていないようである．

海岸が溶結凝灰岩で構成されている場合，ほかの岩石種の場合と同様，さまざまな岩石海岸地形が形成される．例えば薩摩半島南端の頴娃町や知覧町，枕崎市などの海岸には，阿多火砕流堆積物の溶結凝灰岩で構成される海岸段丘，海食崖，ノッチ，海食洞，波食棚（"ベンチ"）などが発達している．この海岸でとくに注目されるのは，火砕流堆積物の堆積構造が関係して生じた特異な"環状岩礁"が多数見られることである．

環状岩礁は，中央部にある凹地を取り囲むほぼ円形の輪郭をもつ岩礁であり，

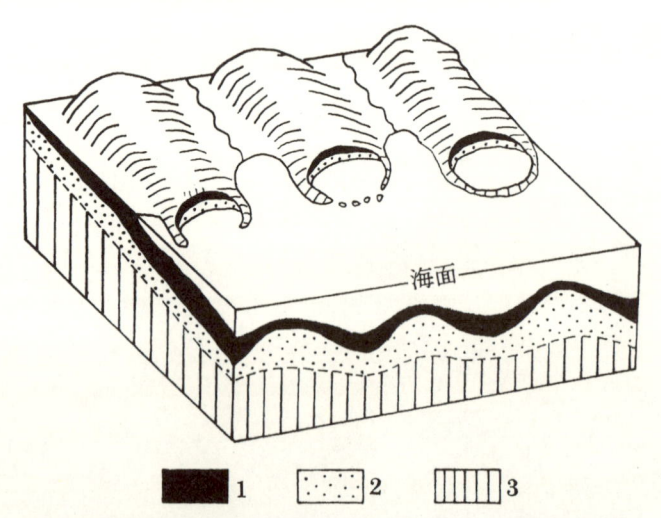

図61　環状岩礁の形成過程（桑代ほか，1968による；一部修正簡略化）
　1．阿多火砕流堆積物（溶結凝灰岩）　2．火砕堆積物（火砕流・降下火砕堆積物などを含む）　3．先阿多火砕流堆積物

写真16　環状岩礁（鹿児島県頴娃町番所鼻）

潮間帯付近に発達する．環状と言ってもその一部または大半が欠損しているため，半月状または三日月状の湾入しか残存していないものが多い．

環状岩礁は，ドーム状に盛り上がった状態で重なり合って堆積している溶結凝灰岩（上位）と非溶結の火砕堆積物部（下位）が，潮間帯付近で海岸侵食を受けることで形成されると考えられる（図61）．すなわち，下位の非溶結火砕堆積物は，溶結凝灰岩に比べるとはるかに海岸侵食を受けやすい．このため，溶結凝灰岩の下には空洞（"海食洞"）が生じ，これが成長するとドームの天井部の溶結凝灰岩が崩落して円形の凹地が生じ，周辺に環状岩礁が取り残されることになる．

頴娃町の番所鼻には，最も代表的な環状岩礁が見られる（写真16）．ここの岩礁は環状の形態をほぼ完全に保持しており，その直径（内径）は100 m程度であり，岩礁を構成する溶結凝灰岩の厚さは約1 mである．

環状岩礁は，潮間帯付近に見られる岩礁という点では，特異な形状の波食棚であり，また，侵食作用に対する岩石の抵抗性の違いが関与して生じた侵食地形という点では組織地形でもある．

第10章　シラスの噴火と噴火災害

　シラスは，九州南部のきわめて広範囲に分布している．この分布域の広大さは，シラスを生じた火砕流がいかに巨大（な自然現象）であったかを端的に物語っている．本章ではまず，この巨大な火砕流の発生源である姶良カルデラの形状の問題点について述べ，ついで，シラスを堆積させた巨大火砕流噴火とそれに伴う災害および災害対策の問題について考え，さらにシラス噴火が植生に及ぼした影響についても論述する．

10.1　姶良カルデラとシラスの噴火

　火山地域では，さまざまな原因で生じた円形ないしは長円形の輪郭をもつ大小の凹地が見られる．これらの凹地のうち，最も普通に見られるのは（噴）火口（crater）である．火口は，通常は直径が1 kmを超えないと言われており，この通常の火口よりも大きい直径をもつ凹地をカルデラ（caldera）と呼ぶ．このカルデラという火山の用語は，もともとは"大鍋（釜）"を意味するポルトガル語caldeiraに由来する．カルデラは，陥没や爆発，侵食などで生じるが，陥没によるものが最も一般的である．
　火砕流を生じたマグマの量が数十立方キロメートル以上に及ぶほど大量な場合には，通常，噴出源付近で陥没が起こり，カルデラが生じる．陥没して生じたカルデラは陥没カルデラと呼ばれ，とくに大規模な火砕流の噴出に伴って生じる陥没カルデラは，アメリカのオレゴン州にあるクレーターレーク（Crater Lake）カルデラにちなんで，クレーターレーク型カルデラと呼ばれている（クラカタウ型カルデラという呼称もある）．クレーターレーク型カルデラは，カルデラの中では最も多く見られ，日本の主要な大型カルデラ（阿寒，屈斜路，支笏，洞爺，十和田，阿蘇，加久藤，姶良，阿多などのカルデラ）は，いずれ

もこの型のカルデラである．

　カルデラについては，カルデラの形成前にどのような地形が存在していたのかということが，最も基本的かつ重要な問題点の一つである．"陥没"カルデラという言葉から，現在のカルデラの場所には陥没前に一つの大きな火山が存在していたというイメージをいだきやすい．実際，例えばクレーターレークカルデラはそのような例であり，カルデラの形成（約6千6百年前）前には，Mt. Mazamaと呼ばれる大火山体が存在し，しかもその山体上には氷河が発達していたこともわかっている（Williams, 1942）．また，クレーターレークカルデラ以外の陥没カルデラの場合でも，その形成前の地形については，従来，クレーターレークカルデラの場合と同様に考えられることが少なくなかった．すなわち，カルデラの生成（陥没）以前には，そこには（例えば富士山のような）巨大な一つの火山体が存在し，その山体が陥没で消失したとする考えである．例えば阿蘇カルデラ（図62）については，カルデラの形成前には"富士火山に比すべき峻峰"があったとか，"富士山よりもはるかに高くそびえる山だった"とか，"アスピーテ式火山錐"であったなどと考えられたことがある．すなわち，図62（下）に示されている緩やかな外輪山の斜面をカルデラの中心部のほうへ両側から内挿して，そこに中岳をすっぽり覆って聳えたつような一つの大火山体を想定する考えである．しかし，阿蘇カルデラの場合，外輪山の地形や地質構造の特徴などから判断すると，カルデラの形成前に巨大な一つの大火山体が存在したというようなことはなく，むしろ，いくつかの小火山体が存在し，それらが全体として高まりをつくっていたと考えられる．

　クレーターレーク型カルデラの場合，しばしば直径が10～20 km以上にも及ぶ広い範囲が陥没し，カルデラ形成前の地形が地上から完全に消失しているため，陥没前の地形を詳細に知ることは一般にきわめて困難である．上述したように，陥没によるカルデラ形成前には，単純に一つの大火山が存在していたと考えがちであるが，上述の阿蘇の例からも明らかなように，実際には陥没前の状況を詳しく知ることは容易ではない．一般的には，前述した大型のクレーターレーク型カルデラの場合，カルデラの形成前に一つの大火山が存在したとは考えにくいと言える．ここでは，このようなカルデラ形成前の地形の問題に関して，姶良カルデラの場合を具体的に考えてみる．

　姶良カルデラについては，以下の三つの点がとくに注目される．

　第一は，姶良カルデラの南東部カルデラ壁における地質の特徴である．姶良

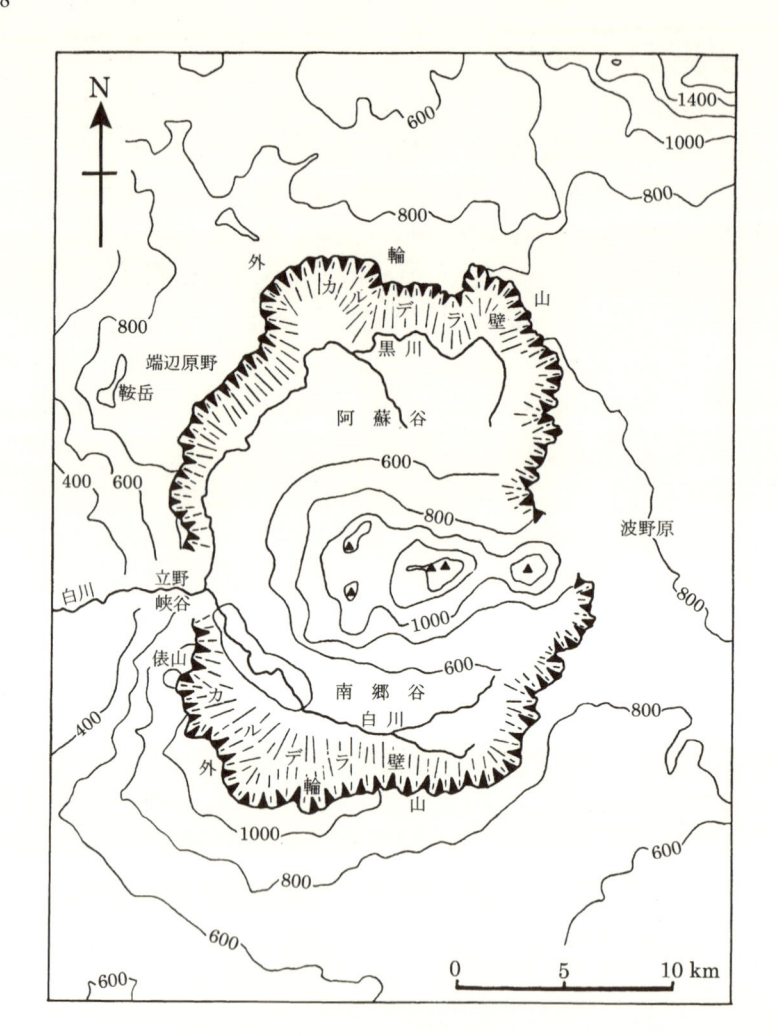

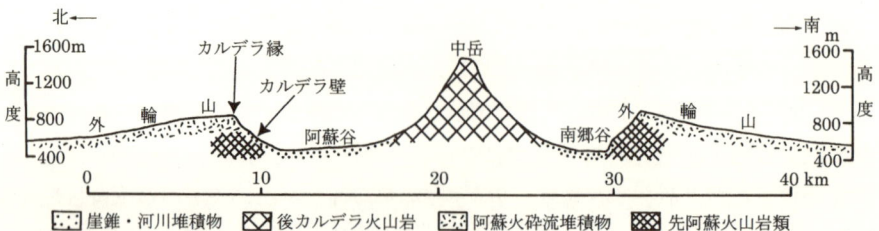

図62 阿蘇火山の地形略図（上）と地形・地質断面図（下）（横山，1992による）
　　　等高線は，20万分の1地勢図上で幅1kmの谷を埋積して作成した埋積接峰面図．等高線間隔は200m．下は，中岳を通る南北断面図（垂直倍率は5倍）．

カルデラの南東部カルデラ壁（垂水市北部の高野，二川地区）では，カルデラ壁にへばりつくように，換言するとカルデラの内側に，シラスよりは古い岩戸，阿多，加久藤火砕流堆積物などの堆積物が分布している．このことは，この部分のカルデラ壁が少なくとも三十数万年前（加久藤火砕流堆積物の堆積年代）より前からすでに存在していたこと，すなわち少なくともこの部分のカルデラ壁は，2万5千年前のシラスの噴火に伴って生じたカルデラ壁ではないということである．

第二は，とくにカルデラ北方地域（現在の天降川や検校川などの流域）におけるシラスの基盤地形の特徴である．この地域では，シラス台地面がカルデラの方へ傾いて（逆傾斜して）いるが（図31），シラスの基盤の地形も，全体としては姶良カルデラのほうに向かって低下している（図6）．すなわちこの地域では，シラスが堆積する以前から姶良カルデラのほうへ流れ込む水系が発達していた．これとほぼ同じことが，姶良カルデラ北西方地域の，現在の網掛川や別府川などの流域についてもあてはまる．これらのことから，現在の姶良カルデラの場所には，シラスの堆積以前から低地が存在し，その北方には，南流してその低地へ流れこむ河川の広い流域が分布していたと言える．

最後に注目したいのは，姶良カルデラの南西部（現在の桜島の北西方から南麓にかけての地区）である．この部分は，地形的に顕著なカルデラ縁がほとんど残っておらず，しかも，大部分は海面下である．このため，この部分についてはカルデラ縁の正確な位置の認定さえも困難である．したがって，シラスの噴出前にこの部分にどのような地形が存在したのかという問題については，確かなことはほとんどわからないといってよい．

以上に述べたことから，姶良カルデラの場所には，シラスの噴火前に高い山地や巨大な火山体が存在していたということはなく，逆に，シラスの噴火以前からもともと低地があったと解される．しかし，低地といっても，例えば陸上の盆地状低地であったのか，湖ないしは内湾であったのかというような具体的な地形・地質の特徴に関する議論，ならびにカルデラの形成（陥没）に伴う地形変化量の詳細な見積もりなどは，現段階では困難である．

10.2　シラスの噴火と巨大火砕流災害

火砕流は，火山の噴火の中では最も危険で，したがって最も恐れられている

噴火様式である．そもそも火砕流という噴火様式が火山学的に認識されたのは，約100年前の1902年5月，西インド諸島のマルチニーク島のモンプレー（Mt. Pelée）火山で起きた噴火の際である．この噴火は，史上最大の火砕流災害を生じ，火砕流災害の恐ろしさや悲惨さを認識させたという点はもとより，その後の火砕流研究の発端となったという点でも特筆すべき噴火であった．そこで，まずこの噴火の特徴を要約する．

モンプレー火山の噴火では，山頂の噴火で生じた"噴煙"が，約2分後に山頂からの距離約8 km，高度では約1,100 m下った山麓の港町サンピエールを襲った．その結果，"西インド諸島のパリ"と呼ばれて栄えていたサンピエールの町は一瞬にして壊滅し，当時，町にいた約28,000人のほぼ全員が犠牲となった．

サンピエールの町における被災直後の惨状は，町を襲った"噴煙"の勢力のすさまじさを物語っていた．石造の建物はことごとく破壊され，"噴煙"の進行方向に平行な石壁が断片的に残っていた．重さ3トンもの彫像が十数メートルも移動しており，巨木も根こそぎになっていた．死体は，いずれも大火傷を負ってむくんでおり，衣服はしばしばはぎ取られていた．また，頭蓋骨の縫合線が裂開している場合も多かったという．これらは，短時間の"噴煙"の高熱を受けて体内の水分が急激に気化膨張したことによると考えられている．"噴煙"が，高温であった証拠は，ほかにも多く残されていた．軟化して変形したガラスや炭化した果物もあった．港に停泊していた船の木製甲板が燃えたものもあった．また，町に貯蔵してあった多量のラム酒が発火して火災を誘発し，これも多数の死者の発生と町の壊滅の一因になった．

このような著しい破壊を引き起こしたにもかかわらず，その犯人である"噴煙"が現場に残した火山噴出物は，厚さがせいぜい30 cmほどの火山灰層であった．これらの現場状況から，サンピエールの町は，秒速数十メートルもの高速で，数百〜1,000℃もの高温の"噴煙"（火山灰や火山ガスなどの混合体）に襲われたことが明らかとなった．このような性質の"噴煙"は，当時はまだ火山学者にも知られておらず，これに対して"nuée ardente"と命名された．nuée ardente（ヌエ アルダン）は，"熱い雲"の意味のフランス語で，日本語では"熱雲"と訳されている．

この噴火後にも，類似の噴火現象が世界各地で起こった．これとともに，この種の噴火によると思われる火山噴出物の研究も進み，全体として，火砕流な

らびに火砕流堆積物に対する理解が深まっていった．ただ，火砕流という用語そのものは，初めから使われていたわけではなく，前述したように（第5章），この言葉が日本で使われるようになったのは，これよりはさらに半世紀以上も後のことである．

雲仙普賢岳における1990～1995年の噴火を契機に，火砕流噴火の危険さや恐ろしさが，日本人の間で広く一般に認識されるようになった．普賢岳では，溶岩ドームの成長に伴ってその一部が崩壊し，何千回もの火砕流が発生した．とくに，1991年6月3日の火砕流では，外国人研究者や報道関係者なども含む43人が犠牲になり，火砕流の恐さを強く印象づけた．情報や技術の発達した現代の日本で，これだけの犠牲者を出した災害は，確かに大事件である．しかし，その事件の犯人である火砕流は，前述したように（第7章），火砕流としては最も小規模の部類に属する．普賢岳やモンプレー火山における火砕流とは比べものにならない大きな規模の巨大火砕流が，もし現代のどこかで起きるとしたら，一体どのようなことになるのか，次にこの問題を考えてみる．

入戸火砕流は，前述したように（第7章），現在，堆積物が認められる場所だけでも噴出源から半径約90 kmの範囲に広がっているが，当初はさらに広域に広がったと考えられ，一部は，200 km以上も離れた場所（四国南西部）にまで到達した可能性も考えられる．しかも，その広がる過程では，途中にある高さ数百～1,000 m以上もの高い山地を越えて進んだことが明らかである．このようなことから考えると，もし，入戸火砕流のような規模の巨大火砕流が，現代の地球上のどこかで起きるとしたら，地球上最大級の未曾有の巨大自然災害を引き起こすのは必至であろう．ここで問題となるのは，はたしてそのような巨大火砕流が，将来，本当にどこかで起きるのかということである．

自然現象の発生頻度は，一般に，小規模のものから大規模になるにつれて，指数関数的に低下する．すなわち，例えば小規模の火砕流なら頻繁に起きても，巨大火砕流となると稀にしか起きないということである．実際に，地球上における巨大火砕流の発生頻度は，過去の巨大火砕流の堆積物を調べた結果から，何万年かに1回といった程度であると言われている．また，幸いなことに，有史時代には巨大火砕流は発生していない．しかし，発生頻度が低いと言っても，当面は発生しないと断言できるわけではない．例えば九州だけに限っても，過去約30万年前以降に生じた阿蘇・加久藤・姶良・阿多・鬼界（きかい）などの巨大なカルデラがあり，これらのカルデラに関連した火砕流堆積物は九州各地に広く分布

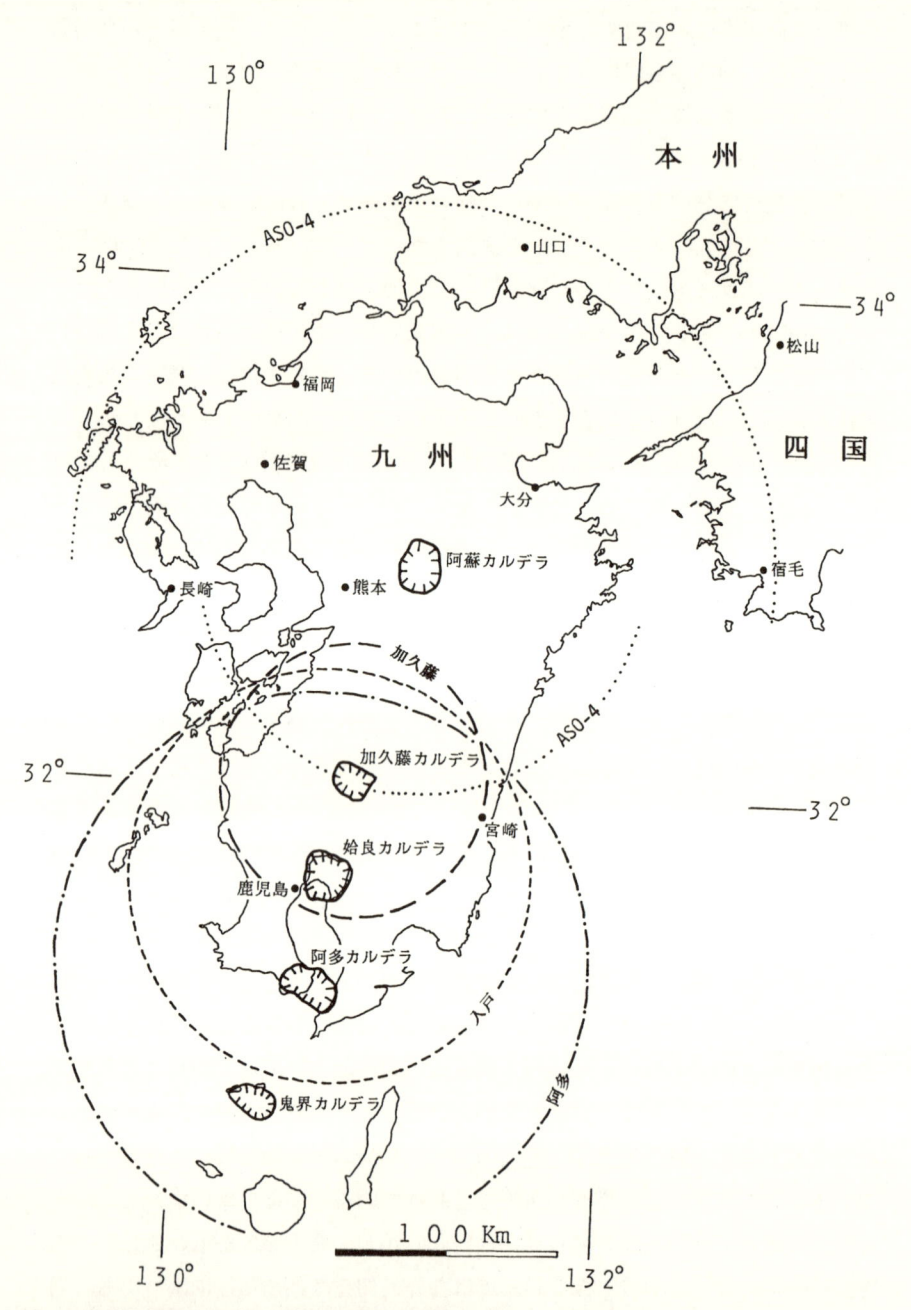

図63 九州の主要カルデラと巨大火砕流の到達域（横山，1987による）
円または半円弧は，各火砕流の最遠方の分布地とカルデラ中心との距離を半径として描いた火砕流の到達範囲．点線はAso-4火砕流．北側は半径160 km，南側は半径100 km．太い破線は加久藤火砕流（半径50 km）．細い破線は入戸火砕流（半径90 km）．鎖線は阿多火砕流（半径120 km）．

している（図63）．このうち阿蘇火山だけに限っても，過去約30万年間に4回もの巨大火砕流の噴火があったことなどを考えると，またいつか，これらのカルデラに関連した巨大火砕流噴火が起きないという保障はない．したがって，巨大火砕流が発生した時のことを，一応は考えてみる必要があろう．

　将来の巨大火砕流噴火の可能性が否定できないとしたら，そのような噴火の予知が可能か否かということが，まず問題となろう．火山の噴火と噴火に伴う災害に関しては，噴火災害を可能な限り軽減する目的で，ハザードマップ（hazard map）（火山災害予測図）の整備が進められている．とくに活動的な活火山（例：有珠山，伊豆大島，阿蘇山，桜島，その他）では整備が進み，実際の噴火時に役立てられた例もある．しかし，巨大火砕流に関しては，とくに組織的なハザードマップ作成計画はなく，また，現在の火山学では，いつ，どこで巨大火砕流の噴火が起きるのかという点に関して，具体的，現実的な予知・予測はまったくなされていない．しかし，将来，どこかで巨大火砕流が起きるとしたら，おそらく地震などをはじめとするさまざまな前兆現象が顕著に起きると思われるので，まったく不意打ちということはないであろう．例えばフィリピンのピナツボ火山で1990年6月中旬に起きた20世紀最大級の火砕流噴火の際には，噴火の約3カ月前から地震などの前兆現象が観測されたため，住民の避難対策が講じられた．このように，巨大火砕流の噴火が不意打ちということはおそらくないと思われるので安心かというと，そうではない．実は，仮に巨大火砕流の噴火をその数カ月程度以上前に予知できたとしても，それに対してどれだけ有効な対策を講じられるかという大きな問題がある．すなわち，仮に入戸火砕流程度の規模をもつ巨大火砕流の発生が予想され，それに対して人命だけでも救済すること（が可能かを）を考えることとする．

　火山の噴火に際し，多くの人々を危険区域外へ避難させる対策がとられた例は，近年の日本でもいくつかの例がある．1986年の伊豆大島三原山の噴火および2000年以来現在も続いている伊豆三宅島における火山活動の際には，それぞれ全島民約1万人および約4,000人が島外に避難を強いられ，また，1990～1995年の雲仙普賢岳の噴火や2000年の有珠火山の噴火の際にも，多数の住民を危険区域外へ避難させる対策が講じられた．これらはいずれも，行政的にみても前例のない大きな決断を伴う対策であったと言える．その対策に関係したノウハウや経験は，将来の類似の対策を実施する際には，貴重な前例として生かされることは確かである．

ところが，巨大火砕流に対する避難策を考えるとしたら，上述した経験も参考にならないほどの広い地域と多くの人間が対象になる．すなわち，巨大火砕流の場合，予想される噴火地点を中心とする少なくとも直径200 km程度の範囲の地域から，すべての人間を脱出・避難させるということになる．この面積は，九州でならその半分以上もの地域に相当し，関東地方でなら関東平野のほぼ全域がすっぽり入るほどの広域になる．このような広い地域から，何百万人以上に及ぶ人々を避難させるには，はたしてどのような現実的な方策が可能であろうか．

仮に，避難の大難問が克服されると考えてみるとしても，もし本当に巨大火砕流が生じた場合，その後に生じる問題もきわめて深刻である．すなわち，大島や三宅島などの場合，避難は基本的には噴火終了後の復帰を前提にした"一時的な避難"であるが，巨大火砕流の場合はそれでは済まないという問題がある．火砕流の噴火前における人々の生活の場は，噴火後には厚い火砕流堆積物の下に埋没し，消失することになる．すなわち，火砕流は高い場所を避けて低い場所に選択的に堆積する性質があるが，その低い場所は同時に人間のおもな生活舞台でもあるため，人間生活の中心地（であった場所）こそ真っ先に火砕流堆積物の下に埋没して消滅してしまうことになる．おそらく噴火後の何年間かは，とても近づくことすら困難な不毛の土地に一変するであろう．しかも，このような場所では，火砕流の堆積直後から土石流が頻発して侵食が急速に進む．このため，もともと火砕流が堆積しなかった（火砕流の堆積域の）周辺各地でも，土石流の堆積による新たな荒廃地が生ずるであろう．

このように考えてくると，巨大火砕流に対しては，ほとんどお手上げで為すすべはなく，噴火後当面は再起不能で，諦めるほかはないという絶望的な思いがする．ところが，実は巨大火砕流の場合には，話はまだこれだけには留まらない．

巨大火砕流の噴火では，火砕流を生じる際に恐らく数十キロメートル以上もの上空へ達する巨大な噴煙（柱）を形成する．この噴煙からは大量の火山灰が，火砕流本体の堆積域よりもはるかに広範囲に降下して堆積する．このような堆積物をコイグニンブライトアッシュ（co-ignimbrite ash）と呼んでいる．日本では，シラスや阿蘇火砕流堆積物などをはじめ，多くの巨大火砕流堆積物に関係したこの種の火山灰層が，広く分布していることが知られている（町田・新井，1992）．

姶良Tn火山灰（略称AT，前述，第8章）は，シラスに関係したコイグニンブライトアッシュであり，九州全域のみならず，本州全域，南西諸島および周辺海域，朝鮮半島，日本海海底，太平洋底などのきわめて広い地域から見出されている．その厚さは，近畿・中国地方以西の地域では数十センチメートル以上，姶良カルデラから1,000 km以上も離れた東北地方でも数センチメートルから10 cm以上に達する（町田・新井，1992）．

　上述したことから，巨大火砕流の噴火では，火砕流の到達域よりもはるかに広い地域に火山灰が厚く堆積する．このような火山灰の堆積域では，人間生活や生物に対する影響が測り知れず，通常の生活はほとんど麻痺するほどの深刻な打撃を受ける場所も少なくないと思われる．したがって，火砕流の直撃域外へ逃れれば，安心というわけにもいかないのである．

　これまでに述べてきた巨大火砕流の諸特性を考えると，結局は，巨大火砕流に関しては，それが起きないことをただ祈るほかはないように思われる．

10.3　シラスの噴火に伴う植生の破壊と再生

　巨大火砕流は，噴出源から100 km以上もの遠方にまで広がって堆積し，また，火砕流の噴火に伴って生じるコイグニンブライトアッシュは，火砕流の到達域よりもはるかに広域に広がって堆積する．火砕流は，その到達範囲内に生息する生物に壊滅的な打撃を与えることは言うまでもないが，コイグニンブライトアッシュも，その降下量（火山灰の厚さ）に応じて生物にさまざまな影響を及ぼす．以下では，とくにシラス地域の場合を念頭に置きつつ，巨大火砕流噴火による植生の破壊とその後の回復にまつわる問題について考えてみる．

　この問題を考える上でまず必要なものは，火砕流の堆積当時，その地域に実際に存在した植生に関する情報である．シラス地域の場合，2万5千年前のシラスの堆積当時，どのような植生が存在していたかが問題となる．2万5千年前頃は，最新の氷期の最も寒冷な時期（2万年前頃）に少し先行する時期である．この時期の日本の気候は，国内各地における花粉化石などに基づく研究から，2万年前頃の最寒冷期に向かって寒冷化が進行していたと考えられており（辻・小杉，1991），平均気温はいまよりは3〜4℃ほど低かったと推定されている（河合，2001）．当然，当時の植生は，現在のものよりは寒冷な気候下にみられる植生が主体であったということになる．具体的には，前述したように

(第8章)，2万5千年前頃の九州では，コナラ亜属やブナ属，カバノキ属，クマシデ属，シナノキ属などを主とした温暖性落葉広葉樹林が発達していたと言われている．すなわち，九州地方の植生は，現在は温暖常緑広葉樹（照葉樹）林で特徴づけられるが，シラスの堆積当時は，現在の中部地方から東北地方などを中心に見られるような落葉広葉樹林が広がっていた．

　植生が火砕流によって受ける打撃は，火砕流がまとまって厚く堆積する低地部と，ほとんどないしはきわめて薄くしか堆積しない（既存山地の）高所部とでは，基本的に異なると思われる．

　まず，低地部では，火砕流が厚く堆積することで，植生はすべて堆積物の下敷きになり，植物種や植生（による地表の被覆）状況の差異の如何にかかわらず，全滅することになる．一方，高所部は，火砕流の堆積は免れたとしても，その通過を免れたわけではない．火砕流の通過後には，おそらく薄い火山灰層は残されたと思われるし，また，コイグニンブライトアッシュも堆積したと思われる．いずれにせよ，山地高所斜面上の植生は，この火砕流の通過ならびに火山灰の堆積などの影響で，焼失したり埋没したりして壊滅的な打撃を受けたと思われる．したがって，高所，低所などの場所の如何にかかわらず，火砕流が到達した範囲内のすべての場所から，一旦は植生が消滅し，死の世界と化したであろう．シラス地域の場合，この範囲に相当するのは，少なくとも熊本県や宮崎県の南半部以南の地域すなわち九州の南半部全域ということになる．このような広域にわたる死の世界に，どのくらいの時間の経過後に，どのような種の植生が新生または再生し，回復していったのであろうか．地表における植生の存否状況は，表面削剝に強い影響を及ぼす．したがって，この種の問題は，火砕流の堆積後の地形変化過程や速さを考える上で，きわめて重要な意味をもつ．火砕流の堆積後におけるこの植生の回復過程についても，低地部と山地高所部とでは事情が基本的に異なると思われる．

　まず，低地部の場合，植生問題の対象となる場は，火砕流原上すなわち火砕流が堆積して生じた新たな地表面である．この新生地では，植生はまったく何もない状態，すなわちゼロから発進（新生）するいわゆる一次遷移が起きることになる．この一次遷移では，火砕流の堆積前に存在した植生とは（一応）無関係の新たな植生が登場することになる．この一次遷移が，実際に火砕流が堆積してから何年後くらいに，どのような種の植物から始まり，変遷していったのかという最も基本的な問題点については，単に植物（生態）学的側面からの

関心に止まらず，地形学的にもきわめて興味深い．すなわち，火砕流の堆積直後の無植生ないしは少植生の期間は，火砕流の原地形の削剝・開析が最も急速に進むきわめて重要な時期と考えられるからである．しかし，この巨大火砕流にかかわる一次遷移の問題については，私の知る限りでは，シラスの場合のみならずこれまで研究例がない．したがって，具体的なことはほとんど議論できず，今後の研究が期待される．ただ，巨大火砕流に直接関係した研究はないものの，海洋上に新たに生じた火山すなわち新生火山島や，新たに噴出した溶岩流や小規模な火砕流堆積物などがつくる新生の土地における一次遷移については，例えばインドネシアのクラカタウ火山，桜島，カトマイ火山などの報告をはじめ，内外ともに多くの研究がある．これらの研究は，巨大火砕流にかかわる遷移の問題を考える上でも参考になる．このうち，1912年のカトマイ火山の噴火に関する植物学者R. F. Griggsによる多くの報告および駒ヶ岳（北海道）の噴火に関する吉井義次による報告（巻末の文献参照）は，火砕流を伴う噴火による植生破壊とその後の新生や回復に関する諸問題のみならず，噴火や噴出物の諸特徴を知る上でも，きわめて興味深い記述に富む古典である．

　従来の報告によれば，新たな火山噴出物上における植生の一次遷移は，気候条件，火山噴出物の種類，場所ごとの土地条件などの差異により，出現する植物種や出現時期，遷移の速さなどに違いがあり，単純ではない．一般的には，噴火後1～2年間程度は植物の出現は認められない．その後，最初に出現する植物種もとくに一定していないようであるが，例えば先駆的に藻類や地衣・蘚苔類が出現し，続いて噴火後数年経つと草本や木本類が現れ始める．

　カトマイ火山のThe Valley of Ten Thousand Smokesの火砕流堆積物上では，噴火から5年後の調査時に，活発な噴気孔周辺にコケや藻類の生育が観察されているが，草本類などの生育を認めたという記述は見られない．一方，火山灰や軽石などが厚く堆積したカトマイ火山南麓のカトマイ谷地区では，噴火の3年後にルピナス（マメ科）の実生が出現し始めたことが報告されている．

　駒ヶ岳の軽石硫積物上では，噴火の2年後に噴気孔の周辺では単細胞緑藻が，軽石塊の間にはスギゴケが観察され，3年後頃からヤマハハコなどの草本類やダケカンバなどの木本類が出現し，その後急速に種数が増加したと報告されている．このように，先駆的植生の出現に続き，植生は種数を増やしつつしだいに繁茂していく．しかし，噴火後数年～10年程度以内の期間に，地表を完全に覆い尽くすほどの急速な植生の繁茂は一般的には起こらないようである．

以上に述べたのは，巨大火砕流に比べると規模（広がり）がはるかに小さな場合での話である．巨大火砕流の場合には，これより格段に広大な地域における話になる．したがって，巨大火砕流による新たな火砕流原上における植生の出現やその後の変遷には，より多くの時間を要することは確かであろう．新生の火砕流原では，植生が新たに出現するまでに，少なくとも数年〜10年程度はかかると思われる．この期間，火砕流原は基本的には植生を欠き，削剥に対してはまったく無防備な状態であり，きわめて急激に削剥・開析されると思われる．これと基本的に同じことが，近年におけるより小規模の火砕流噴火の際に実際に起こっている．すなわち，前述したように（第9章），雲仙普賢岳（1990〜1995年）やピナツボ火山（1991年）の噴火では，火砕流を主とする火山噴出物の堆積に引き続き，土石流が発生して多大の被害をもたらした．土石流は，とくに噴火後の数年間に多発し，それ以降は急減している．この土石流の発生は，単純に植生の存否からだけで説明されるわけではないが，植生が大きく関与していることは確かであると言えよう．

　山地高所部の場合，たとえ地上部の植生が焼失消滅したとしても，地中には焼失を免れて残される種子や根茎が少なくないものと思われる．また，巨木の場合，枝葉は焼失しても樹幹は生存する場合もあると思われる．このような種子，根茎，樹幹などは，もし地表にコイグニンブライトアッシュなどの火山灰層が厚く（例えば1m以上）覆っていなければ，いち早く芽吹き，植生が再生する．すなわち山地高所部は，基本的には二次遷移が起きる場となる．巨大火砕流に関係したこのような二次遷移についても一次遷移の場合と同様，従来，具体的な研究はないようである．しかし，歴史時代に起こった火山噴火に関係した植生破壊とその後の植生の二次遷移については，多くの報告がある．この二次遷移についても，一次遷移の場合と同様，カトマイ火山と駒ヶ岳火山の報告は，示唆に富み興味深い．

　カトマイ火山の噴火では，火砕流が堆積したThe Valley of Ten Thousand Smokesはもとより，火山体周辺の広い地域で，火山灰の堆積をはじめとする火山活動のさまざまな影響により，植生の大きな被害が生じた．被害の状況は，火山からの距離や方向，土地条件，堆積した火山灰の厚さ，植物種などの違いによって大きく異なっていた．例えばコディアク地区（Kodiak島）は，カトマイ火山の南東へ約160 kmもの距離にあるが（ちなみに，東京−富士山間の距離は約100 km），ここでは厚さ約30 cmの火山灰が堆積した．このため，植生

は荒廃し，それまで豊かな植生に覆われていた"緑のコディアク"は一変した．噴火の翌年には，まだこの荒廃状況が続き，復旧には何年もかかるだろうと思えるほどであった．ところが，この2年後に同地区を訪れた際には，驚くべきことに随所で多くの植物が再生し，緑が蘇っていた．ただ，これらの植生は，噴火前と全く同じ植物種の構成が復元していたわけではない．これは，この再生植生が，火山灰層下で生存していた根茎から出芽して生長したもので構成され，この生存能力は，植物種ごとに異なることによる．カトマイ火山により近いRussian Anchorage（火山の東南東約40 kmの距離）では，火山灰がより厚く（約90 cm）堆積したのみならず，ガスの影響も加わって植生は大きな打撃を受けた．しかし，すべての植生が枯死したわけではなく，噴火の1年後の調査時には，一見枯れた外観のハンノキは新たに芽吹き，枝を伸ばしていた．また，ガリー侵食で火山灰が取り除かれた場所からは，火山灰層下で生存していたスギナの地下茎がのびて芽吹き，繁茂しているのが観察された．

　駒ヶ岳の場合も，噴火に伴う植生の被害状況およびその後の植生の再生過程は，場所ごとに著しく変化に富む．例えば火山体の南西山麓へは軽石流（"赤井浮石流"）が流下し，その末端の周辺地域では，軽石流の高熱によってすべての植生（落葉闊葉樹林）が枯死した．しかし，翌年の調査時には，ミズナラやカシワをはじめとするかなりの樹種が再生し始め，また，ススキやワラビをはじめ地下器官が生存していたと思われる草本類なども再生していた．噴火から4年後には，樹林が回復したように見えるほど，再生樹木や草本類が生長・繁茂した．このように，噴火後の再生・生長は急速に進んだが，植物種の構成は噴火前と同様な状況に復帰したわけではなく，噴火から9年後における樹林の構成は，噴火前とはまったく異なっていたことが指摘されている．これらの例からも明らかなように，二次遷移による植生の再生・回復は，一次遷移に比べると，より速く進行するといえる．

　上述したことからも明らかなように，一次遷移域と二次遷移域とでは，噴火後に出現・再生する植物種や植生の繁茂速度などに顕著な差異がある．この差異は，それぞれの場所における（新生地か既存山地の高所斜面かという）地形的な差異と重なるため，各々の場所における削剥・開析過程に影響を及ぼす．すなわち，一次遷移域および二次遷移域は，それぞれ平坦な火砕流原および起伏に富む山地である．このため，火砕流原ではまず布状洪水による削剥が生じるのに対して，山地斜面では急激なガリー侵食が進むと思われる．この削剥・

侵食過程の継続期間は，植生の新生や再生に要する時間に大きく左右されると思われる．

巨大火砕流に関係した植生の破壊や再生がくり広げられる空間は，きわめて広大である．火砕流が広がった範囲だけに限っても，直径200〜300 km程度もの広域に及び，これにコイグニンブライトアッシュに伴う植生の破壊域を加えれば，おそらく直径500 km以上にも及び，これは九州全体がすっぽり含まれるほどの規模である．

シラスを生じた巨大火砕流の噴火に伴って生じたコイグニンブライトアッシュすなわちATに関しては，近年，古気候や植生，考古学などの分野からも注目され，研究が進められている．例えば，近畿，関東，東北地方などの花粉化石に基づく研究によれば，ATの噴火は気候の全般的な寒冷・乾燥化とそれに適応する針葉樹林化がかなり進行した段階で起こり，ATの堆積は湿地林や荒地植生の繁茂を引き起こし，落葉広葉樹主体の森林植生の針葉樹林化を促進する効果があったと言われている（辻，1993）．また，同様に花粉化石の詳細な分析結果から，近畿地方では，厚さ20 cm以上に及んだATの堆積で大半の植生が大打撃を受けて裸地同然の土地に変じ，その後キク亜科の植物が爆発的に繁茂したと考えられるのに対して，堆積量が少なかった（厚さで数センチメートル以下）東北地方北部では，とくに顕著な植生の変化は起こらず，両者の中間に位置する中部地方〜東北地方中部地域では，ATの堆積の影響でトウヒ属などの針葉樹林の疎林化が進み，落葉広葉樹や草本が増加するという植生変化が生じたことが指摘されている（河合，2001）．

巨大火砕流に関係した植生の破壊や再生の問題は，前述したように単に植物（生態）学的側面からの興味だけではなく，火砕流の堆積域を中心とするきわめて広域における削剥・開析などの地形学的問題を考える上でもきわめて重要である．この意味で，今後この方面での具体的な研究の推進が期待される．

第11章 シラスと黄土がつくる地形の類似性

　中国の黄河中流域を中心とするきわめて広い地域には，黄土（loess，レス，［こうど］とも言う）と呼ばれる堆積物が分布している．黄土は，黄河の黄濁した流れの原因をなす物質であり，また，日本に春先に飛来する黄砂の源でもある．この黄土がつくる地形は，これまでに述べてきたシラスがつくる地形と多くの類似性が認められ，地形学的にみてもきわめて興味深い．そこで本章では，黄土の特性についてまとめ，シラスと黄土がつくる地形の類似性を述べ，また，その地形的類似性を生み出す背景についても考えてみる．

11.1　黄土とは

　黄土は，中国北西部やモンゴル南部の砂漠地方で風によって巻き上げられた砂塵が，南東方風下側の黄河中流域方面に運ばれて堆積したもの，すなわち風成堆積物と考えられている．黄土の分布域は，黄河中流域の蘭州（甘粛省）〜西安（陝西省）地域からさらに東方の太行山脈（山西省）方面にまで及び（図64），日本の国土面積に近い広がりをもつ．

　黄土は，シルト（径0.05−0.005 mmの粒子）を主とする細粒物で構成され，文字通り"土"である．一方，同じ風成堆積物でも，海岸砂丘砂は文字通りさらさらとした"砂"であり，黄土よりもはるかに粗粒である．これは，両者の生成過程（運搬・堆積過程）の差異を反映したものである．すなわち黄土は，上空まで巻き上げられた細粒物質が数百〜1,000 km以上もの距離を風送された後に降り積もったものである．これに対して，海岸砂丘砂は，（上空まで舞い上がることなく，地表からおもに高さ数十センチメートル以下の）地表に沿って短い距離（一般には数百メートル以内）を風送された砂が堆積したものであ

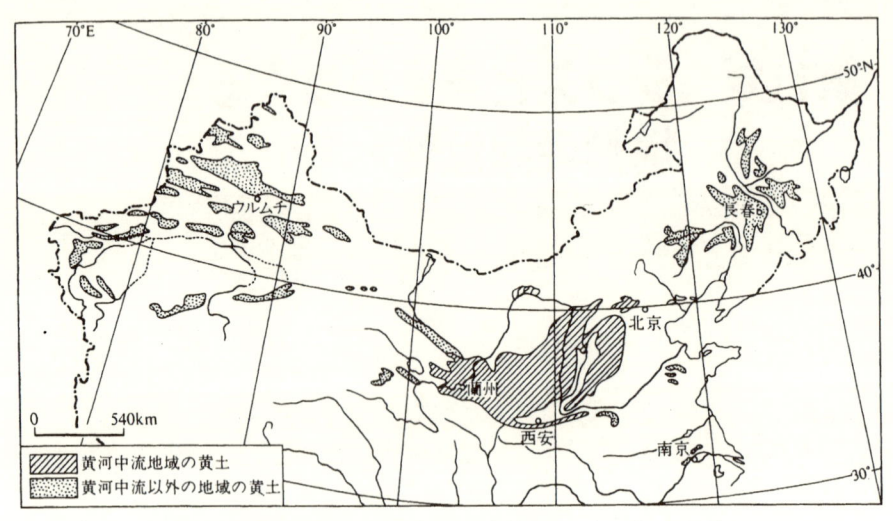

図64 中国の黄土の分布（「中国の自然地理」（図5）による）
黄河中流域以外の地域の黄土も含む.

る．黄土の構成鉱物は，大半が石英，長石，雲母などの（軽）鉱物であり，とくに石英が最も多い．また，30種以上にもおよぶ種々な重鉱物（例えばシソ輝石，普通輝石，角閃石，直閃石，黒雲母，透角閃石，陽起石，緑簾石）が含まれ，黄土が多様な母材（原岩）に由来することを示す．さらに，イライト，モンモリロナイト，カオリナイトなどを主とする粘土鉱物も含まれている．このほかに，塩類として炭酸カルシウムが多量に含まれることも黄土の特色である．黄土の色は，文字通りの"黄土色"を初め，黄色〜褐色〜赤褐色などさまざまであり，色や粒度を合わせた黄土の外見は，日本で普通に見かける風化火山灰層（"ローム"）に似ている．黄土の厚さは，場所ごとの変化が大きく，例えば西安周辺地域では100〜200 m，蘭州付近では200 m以上，最大300 m余りにも及んでいる．分布高度も場所的変化が大きく，例えば黄河中流域の東部では標高1,000〜2,000 m，西部では2,000 m以上に及んでいる．

　黄土は，全体としてきわめて細粒の物質で構成されているが，こまかくみると粒度の地域的な変化があることが知られている．前述したように（第4章），シラスの場合には，噴出源からの距離の増大に伴う構成物の粒径の減少傾向が見られる．これと類似した関係が，黄土の場合にも認められる（図65）．すなわち，黄土は，北西方から風送されたことを反映して，全体としては供給源に近い北西側地域のものはやや粗粒であるのに対して，南東方地域のものはより

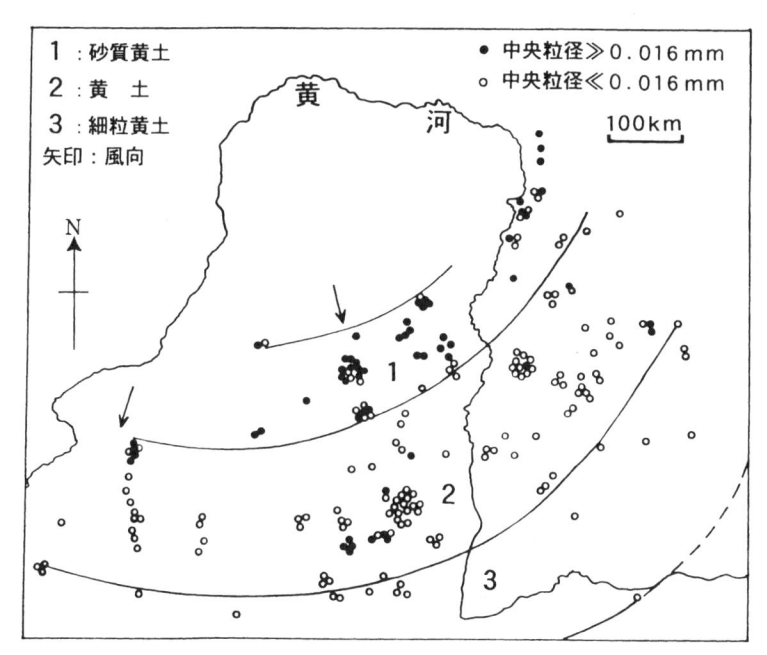

図65 黄土（馬蘭黄土：Malan loess）の粒径の地域変化（Derbyshire, 1983による；一部改変）

細粒である．

　黄土の堆積年代は，二百数十万年ほど前から現代まで，すなわち第三紀末以降第四紀全体を含む長期間にわたる．この間，おもに寒冷乾燥気候下で黄土の堆積がしだいに進行し，最大300 m余りに及ぶ厚い堆積物となった．シラスが約2万5千年前の過去におけるいわば一瞬の堆積物であるのに対して，黄土はその100倍も前の古い時代から続いた堆積作用の産物ということになる．もちろん，この全期間を通じて黄土が同じ割合で堆積し続けたわけではない．この間には当然，気候変化や地殻変動（に伴う地形変化）などがあり，これに伴って黄土の堆積速度にも顕著な変動があった．したがって，黄土層の中には，古土壌層，侵食間隙（不整合），水成堆積物（水成黄土層，砂層，礫層）などがしばしば挾在している．また，黄土および関連土層からは，ステゴドン象，駝鳥の卵，原人（例えば藍田人）などの動物化石のほか，各種植物の花粉や胞子，旧石器や考古遺物（例えば秦の始皇帝の兵馬俑）なども多数出土しており，黄土層の中に秘められた歴史はきわめて多彩である．

11.2　シラスと黄土の地形の類似性

　上述したことからも明らかなように，元来，黄土とシラスは互いに素性を異にする全くの別物である（表5）．しかし，両者がつくる地形には，多くの類似性が認められる．まず，シラスと黄土はともに台地地形をつくる．シラスがつくる地形は言うまでもなくシラス台地であり，一方，黄土がつくる台地は"塬（Yuan）"と呼ばれている．塬は旧都西安付近など各地に分布し，台地面はシラス台地と同様にきわめて平坦で（口絵Lや写真17の最上面），広々とした台地面上には畑が広がっている．

　台地縁辺の急斜面（台地崖）にも，シラスと黄土で多くの地形的類似性が認められる．まず，台地崖は，両者ともに数十度以上の勾配をもつ急斜面（崖）をなすことが多い．よく知られているように，シラス台地崖では，豪雨の際に斜面崩壊（"崖崩れ"）が頻発する．このため，シラス崖には，各地で新しい崩壊地（跡）を見ることができる．黄土地域でも，シラスの崩壊地に似た新しい崩壊地が随所に見られ（写真17），斜面崩壊による激しい侵食が進行していることを示す．黄土地帯ではさらに，大規模な地すべりも多発している．

　シラス地域では，ガリー侵食が進行しつつある場所が少なくない．このような場所のガリーは，峡谷状に屈曲して伸び，ガリー壁（谷壁）は植生を欠くシラスの急崖をなす．黄土地域でもこれと似た生々しいガリーがいたるところで認められ（写真18），激しいガリー侵食が進んでいる．このガリー侵食や斜面崩壊など黄土地域における激しい土壌侵食は，きわめて深刻な問題であり，黄濁した黄河の流れは，これを象徴的に示している．

　シラス地域にみられる火砕流凹地と類似の陥没地形は，黄土地帯にも認めら

表5　シラスと黄土の比較

	シラス	黄土
色	灰白色	黄灰色
構成物	火山灰，軽石	粘土〜砂
厚さ	〜150 m	〜300 m
面積	4,000 km²	320,000 km²
成因	火砕流	風成
供給地	姶良カルデラ	北西砂漠地域
堆積年代	約2万5千年前	約240万年前〜現在

写真17　黄土高原に見られる斜面崩壊

写真18　黄土高原に見られるガリー

れる．黄土地域のものは"黄土陥穴"と呼ばれ（写真19），"黄土ドリーネ"と呼ばれたこともある（徳田，1957）．黄土陥穴は，火砕流凹地の場合と同様，地下水流によって黄土が侵食されることで形成されると考えられる．このような成因による凹地の形成は，ほかの地質の場合では珍しく，シラスと黄土に共通して見られる特異な地形として興味深い．

　シラスと黄土が互いに素性をまったく異にするにもかかわらず，両者が類似の地形を形成する背景には，両者において地形形成にかかわる次のような共通

写真19　黄土陥穴

の（土質力学的な）性質があるからにほかならない．すなわち，両者は，1）おもに細粒物質で構成される固結度のきわめて低い厚い堆積物である．2）乾燥状態なら高さ数十メートル以上もの急崖でも自立安定できる性質をもつ．3）水を含むと強度は著しく弱まり，流水にはきわめて侵食されやすい．

11.3　シラスと黄土の地形形成過程

　シラスと黄土がつくる地形がよく似ているといっても，各々の地形の形成過程，形成時間，気候環境などが似ていたわけではなく，また，両地域で同じ地形種のみしか見られないというわけではない．

　シラス台地と塬が似ていることは，シラスおよび黄土の堆積で，まず平坦な堆積地形が生じ，これらの堆積地形を刻み込んで急な谷壁もつ開析谷が生じたことを意味している．まず，平坦な堆積地形の形成については，シラスと黄土で成因（形成過程）がまったく異なる．すなわち，シラスの場合は火砕流の堆積地形であるのに対して，黄土の場合は風成の堆積地形である．前述したように，シラスを生じたような巨大な火砕流は，一般に既存（基盤）地形の小さな起伏を埋め尽くして堆積し，きわめて平坦な堆積面をつくる性質がある．一方，風成堆積物は，地表（基盤）を覆ってその起伏に並行に堆積する傾向があるので，基盤の起伏が大きい場所では平坦な堆積地形をつくることは考えにくい．したがって，現在，塬が発達しているような場所は，もともと起伏が小さいか

平坦な地形の場所に黄土が長期間にわたって堆積し続けて，平坦な堆積地形が生じたものと思われる．次に，開析谷の形成については，シラスの場合，約2万5千年前の入戸火砕流堆積直後のごく短期間に達成されたと思われる（前述，第9章）．一方，黄土の場合は，堆積期間がきわめて長期にわたり，この間には黄土の堆積が進行するかたわらで侵食も行われた．すなわちシラスの場合は，約2万5千年前のいわばある日突然にシラス原が生じ，その後はシラス原がもっぱら侵食されるだけの経過をたどったのに対して，黄土の場合は，黄土の堆積と侵食が長期間にわたって複雑にくり返された結果，今日見る黄土高原の地形ができあがったと思われる．黄土の侵食と堆積すなわち黄土地形の形成史は，黄土の分布域がきわめて広域に及んでいることから考えて，地域的差異も大きく，全体としてはシラス地域に比べてはるかに長大で複雑であったと思われる．このため，黄土地域には，前述したシラスの地形に類似したもの以外にも，シラス地域には見られない特有の地形種も数多く見られ，黄土がつくる地形は，全体としてきわめて多様で変化に富んでいる．

第12章　シラス文化と火砕流文化

　シラスは，九州南部とくに鹿児島県の風土の重要な要素である．このため，シラスは人間生活にさまざまな側面で影響を及ぼす一方で，利用もされてきた．例えば，シラスと言えば"崖崩れ"が思い出されるほど，シラス地域では崖崩れとそれに伴う災害がくり返されてきた．シラス地域は，崖崩れ災害という宿命を背負わされてきたとも言える．一方，シラスは，道路工事や土地造成，埋め立てなどにそのまま利用されてきたほか，シラスを原料とする特殊ガラス，研磨材，繊維，軽量建材，ハイテク用新素材の開発・利用が進められるなど，資源としても多様に利用されてきた．また，シラス地域の人々が営んできた生活の中には，シラスと人間生活のかかわりの中で生じた特有な風俗や習慣も認められる．例えばシラス地域では，暮れになると近くのシラスの崖などからシラスを削り取ってきて，それを庭に撒いて掃き清め，正月を迎えるという習慣がある．この習慣は，近年ではかなり（ほとんど？）廃れてしまったように思われるが，シラス地域ならではの文化と言える．本章では，まず，シラス地域における文化についてまとめ，次いで，火砕流堆積物と人間生活とのかかわりや火砕流堆積物に関する文化的な側面について，九州におけるシラス以外の火砕流堆積物や海外の火砕流堆積物の例なども含めて述べる．なお，本章では，シラスという言葉を，入戸火砕流堆積物の非溶結部の意味に限定せず，より一般的な意味で用いる．

12.1　シラス文化

　桐野利彦氏は，シラスにかかわる文化を"シラス文化"と呼び，それをシラス台地に関する文化，シラス急崖に関する文化，シラス低地に関する文化の三つに分けて，それぞれの特徴をまとめた（桐野，1988）．その内容を要約すると

次のようである．

　シラス台地に関する文化およびその産物として注目されるのは，シラス台地上における三大作物の栽培を中心とする畑作文化や台地上で掘られた深井戸などである．三大作物とは，サツマイモ，ダイズ，ナタネであり，これらは，シラス台地上という風土の特性を踏まえ，農民の知恵で選び抜かれてその栽培が定着した作物である．この三大作物は，糖質，タンパク質，脂質という三大栄養素を供給し，"薩摩人"の生活を支えた．

　深井戸は，藩政時代から昭和初期にかけて，とくに天水以外に水が得られない笠野原で多く使われた．ここでは，地下水に達するためにはシラス層を貫通する井戸を掘る必要があり，シラスが厚い笠野原北部では，素掘で深さ最大80 mにも達する井戸が掘られた（前述，第2章）．このような深井戸では，まず井戸を掘る作業そのものが大変であったばかりでなく，水の汲み揚げも容易ではなかった．すなわち，深さ30 m以内の井戸なら大人一人でつるべによる汲み揚げができたが，30〜50 mの深さになると数人がかりの仕事になり，深さ50 m以上になると人力では無理で，牛につるべ綱を引かせて水を汲み上げたのである．深さが80 m以上になると井戸掘りそのものが不可能となり，このような場所では，近くの台地崖下の湧水地まで行き，馬に水樽を背負わせて運んでいたという．昭和初期に水道が普及するまで，このような深井戸文化と言える生活形態が存在した．

　シラス急崖に関する文化やその産物としてあげられるのは，中世の山城や近世の山坂達者の教育などである．山城は，そのほとんどが要害堅固の地と考えられるシラス台地端の急崖上に立地していた．

　山坂達者の教育とは，藩政時代における島津藩の郷中教育の中心をなしていたもので，平地でなら望むべくもないシラス台地崖にある坂道を，青少年の心身の鍛練の場として利用したというものである．

　シラス低地に関する文化としてあげられるのは，居住文化や稲作文化などである．シラス低地とは，シラス台地間の河谷底すなわち開析谷底であり，河川に接する氾濫原や沖積地およびそれに隣接する低位の河岸段丘などをさす．ここには，河川からの水はもとより台地縁辺崖下の随所で湧水があり，これが古くから人間の居住地や集落の立地を促し，また，水田文化を発達させた．

　シラス文化については，ほかにも詳細に論じた文献があるので（巻末文献参照），ここではこれ以上の言及は避け，以下では，シラス以外の火砕流堆積物

と人間生活とのかかわりについて述べる．

12.2 火砕流文化

　シラス地域にシラス文化があるように，シラス以外の火砕流堆積物の分布域にも各々の火砕流堆積物と人間生活との間で育まれた特有な文化が認められる．ここでは，これを総称して"火砕流文化"と呼ぶことにする．すなわち，シラス文化は火砕流文化の一つの例ということになる．以下では，いくつかの火砕流堆積物が各地に広く分布している九州を例にして，火砕流堆積物と人間生活とのかかわりや火砕流文化を眺めてみる．

12.2.1 九州の火砕流文化

　先述したように，九州には阿蘇，加久藤，姶良，阿多などの巨大カルデラがあり，これらのカルデラに関係した火砕流堆積物をはじめ多くの火砕流堆積物が広く分布していることが，九州の風土の大きな特徴である．火砕流堆積物は，前述したように全体としては低所にまとまって分布する"里型分布"の特徴を示す．一方，人間の生活の場もおもに低地であるため，火砕流堆積物の分布域と人間生活の場とはしばしば重なり合う．したがって，九州では実際に多くの人々が火砕流堆積物を生活の舞台としてその上で生活しており，火砕流堆積物と人間生活との間には深いかかわりがある．

　火砕流堆積物は，さまざまな地形景観をつくり出す．九州における火砕流堆積物関連の景観でとくに注目されるのは，渓谷，峡谷，滝などの河川に関係した景勝であり，九州中北部〜南部の各地にみられる（表6）．これらはいずれも溶結部が関係した侵食地形であり，垂直にきりたった河谷壁とそこに見られる美しい柱状節理，岩畳や無数のポットホールが発達する河床，瀬や淵が続く峡谷や渓床，さまざまな形の岩塔（"奇岩怪石"）等々，その形状は場所ごとに多様であり，多くの観光客をひきつける憩いの場となっているものが多い．

　溶結凝灰岩は，古くからさまざまな目的で石材として切り出され，加工・利用されてきた．最も多く使われているのは石垣であり，各所でみることができる．また，道路や石段の敷石，建物の礎石，石塀などのほか，石臼，手水鉢，石像，石灯篭，鳥居や墓石などにも溶結凝灰岩製のものがある．このほか，各地に文化財として残っている石橋や水道管，井筒などにも溶結凝灰岩を使った

表6　九州各地における溶結凝灰岩のおもな景勝

峡谷・渓谷

	名　称	所属県・市町村名（5万分の1地形図図幅名）	河川名	火砕流堆積物名
大分県	深耶馬渓	大分県下毛郡耶馬渓町（耶馬渓）	山移川	耶馬渓
	由布川渓谷	大分県大分郡挾間町（別府）	由布川	由布川
熊本県	菊池渓谷	熊本県菊池市（八方ケ岳，菊池）	菊池川	阿蘇
	蘇陽峡	熊本県阿蘇郡蘇陽町（高森）	五ヶ瀬川三ケ所川	阿蘇
宮崎県	高千穂峡	宮崎県西臼杵郡高千穂町（三田井）	五ヶ瀬川	阿蘇
	赤池渓谷	宮崎県串間市（末吉）	大矢取川	入戸
鹿児島県	大鳥峡	鹿児島県曽於郡大隅町（岩川，末吉）	大鳥川	入戸
	花　瀬	鹿児島県肝属郡田代町（辺塚）	雄川	阿多

滝

	名　称	所属県・市町村名（5万分の1地形図図幅名）	河川名	火砕流堆積物名
大分県	沈堕滝	大分県大野郡大野町（三重町）	大野川	阿蘇
	原尻の滝	大分県大野郡緒方町（竹田）	緒方川	阿蘇
熊本県	下城滝	阿蘇郡小国町（宮原）	樅木川	阿蘇
	五老ケ滝	熊本県上益城郡矢部町（御船）	五老ケ滝川	阿蘇
宮崎県	関之尾の滝	宮崎県都城市（国分）	庄内川	入戸
	観音滝	宮崎県西諸県郡須木村（須木）	本庄川	加久藤
鹿児島県	曽木の滝	鹿児島県大口市（大口）	川内川	加久藤
	犬飼滝	鹿児島県姶良郡牧園町（国分）	中津川	入戸

ものがある．さらに特異なものとして，奈良盆地をはじめ近畿地方のいくつかの古墳内に納められている石棺には，熊本県宇土市の馬門で産出したものと考えられる阿蘇火砕流堆積物の溶結凝灰岩（"馬門石"，その特徴的なピンク色から"阿蘇ピンク石"と呼ばれている）が使われていることがわかっている（高木・渡辺，1990）．いまから1,500年ほども昔に，熊本から直線距離でも500km以上も離れた近畿地方まで，重い石棺（材）が運ばれたという事実は，この石がいかに珍重されていたかを物語るものと言えよう．

　溶結凝灰岩がつくる垂直な崖面には，各地で古くから文字や仏像などが刻まれ，信仰の場とされ，現在でも文化財となっているものが少なくない．熊本県玉名市青木の「青木磨崖梵字群」，大分県竹田市上坂田の「上坂田磨崖仏」や鹿児島県川辺町清水の「清水磨崖仏」などはこのような例である．また，国指定重要文化財として有名な大分県臼杵市の「臼杵石仏」は，阿蘇火砕流堆積物

がつくる台地崖の溶結部に，現地でそのまま仏像を彫り刻んだものである．このほか，玉名市や山鹿市，鹿央町などをはじめ熊本県北部地域には，阿蘇火砕流堆積物がつくる崖面の弱溶結部に彫り込まれた古墳時代の横穴墓が多数見られ，史跡に指定されているものもある．

このように，石材や磨崖仏などの対象として溶結凝灰岩が広範に利用された理由としては，溶結凝灰岩が随所に分布し，垂直崖をなして露出していることが多いことに加えて，節理が発達した比較的"柔らかい"岩石であるため，その切り出しや加工がしやすかったことなどが関係していると言えるであろう．

12.2.2 海外の火砕流文化

火砕流堆積物の広い分布地は，海外にも多数存在する．これらの地域でも，それぞれの土地特有の火砕流文化が存在すると思われる．以下には，私自身が一瞥したトルコのカッパドキアと北アメリカのニューメキシコ州のバイアスカルデラ付近における，火砕流文化の遺跡について述べる．

カッパドキアは，前述したように（第9章），トルコ中央部のアナトリア高原にある地域で，火砕流堆積物をはじめ火山噴出物が広く分布し，各地にテント岩群が見られる．テント岩は，自然のままに放置されてきたわけではなく，内部をくりぬかれて住居などに利用されたものも少なくない．また，火砕流台地崖や丘陵縁辺斜面では，火砕流堆積物を掘り削ってつくった洞窟住居もある．とくに国立公園に指定されているギョレメ地区には，多数のテント岩がつくり出す独特の景観が見られ，かつてキリスト教徒がつくったといわれる壁画がある洞窟協会や修道院，洞窟住居などの特異な文化遺産が多数残存している．ここは，世界遺産にも登録され，世界各地からの観光客が訪れる観光地になっている．このほか，カッパドキアでとくに注目されるのは，観光地カイマクルにある巨大な地下都市の遺跡である．これは，強く固結した非溶結（弱溶結？）の火砕流堆積物の中を，地下80m以上もの深さまで縦横に掘り削って造った地下の洞窟都市で，1万人もが居住できたと言われている．

バイアスカルデラは，直径が20〜二十数キロメートルすなわち阿蘇カルデラと同程度の規模をもつ巨大なカルデラで，再生カルデラ（resurgent caldera；陥没カルデラの形生後，陥没部が再上昇したもの）の代表例としても有名である．このカルデラに関連した火砕流堆積物（Bandelier tuff）は，カルデラ周辺の広い地域に分布している．この地域は，ロッキー山脈の南部に位置し，メキシコ

湾へそそぐ大河リオグランデの上流部にあたり，古くからアメリカ インディアンが住んでいた場所である．広大で荒涼としたアメリカ西部の景観が広がる火砕流台地上や台地間の開析谷底には，インディアンの廃墟が残っている．廃墟はいくつもの部屋に仕切られ，その壁は，近隣から運んだと思われる溶結凝灰岩を整形したブロックを積み上げたものである．また，渓谷を見下ろす急崖には祭場として使われたという洞穴もある．このほか，溶結凝灰岩の平滑な岩壁には，線画が彫り込まれている場所もある．なお，バイアスカルデラ周辺には，各地にテント岩が分布している．前述したように（第9章），"テント岩"という呼称は，もともとこの地域のものに対して使われたものである．しかし，この地域のテント岩は，カッパドキアの場合とは異なり，とくに内部を掘り込んで居住地にするなど，何らかの目的で手を加え利用された形跡はないようである．

　これまでに述べてきたことから，火砕流堆積物と人間生活とのかかわりや火砕流文化は，場所による差異とともに時代による変化も著しいと言える．本書でとりあげた火砕流堆積物はきわめて限られているので，世界各地に分布しているほかの多くの火砕流堆積物の例を加えれば，火砕流堆積物と人間生活とのさらに興味深い多様なかかわりが見出されるであろう．また，本書では触れられなかった人間以外の動植物にも注目すると，生物種の分布や生態などにも各々の火砕流堆積物と密接な関係があり，さらにその生物を介して人間と火砕流堆積物の間には，各地で特有な関係が存在すると思われる．今後，このような側面にも目を向けると，火砕流堆積物と人間生活とのかかわりに対する理解は，より一層広がると思われる．

引用・参考文献

　文献は，複数の章に関連して引用すべきものや参考にしたものが少なくないが（とくに著者自身のもの），重複列挙を避けるため，最も関連の深い章でとりあげてある．また，著者自身の原著論文中では引用した文献でも，本書ではとくにとりあげなかったものもある．文献は各章ごとにアルファベット順に並べたが，第5章のみは表1との関係で年代順にしてある．

　なお，本文中でとくに解説していない用語については，例えば下記の文献が参考になる．

町田　貞・井口正男・貝塚爽平・佐藤　正・榧根　勇・小野有五編集（1981）「地形学辞典」，二宮書店，767p．
地学団体研究会編（1996）「新版地学事典」，平凡社，1443p．

第1章

太田良平（1964）シラス研究序説：地球科学，72，pp.1-10．
太田良平・郡山　栄・脇本康夫（1967）「シラスの地質学的分類」：鹿児島県企画部，43p．
太田良平・竹崎徳男（1966）シラスに関する諸問題：地学雑誌，75，pp.1-10．
沢村孝之助（1956）5万分の1地質図幅「国分」および同説明書：地質調査所．
新村　出編（1998）「広辞苑」第五版：岩波書店，2988p．

第2章

阿部雅雄・河原田礼次郎・難波直彦（1966）シラスの物理的・力学的性質に関する研究（第3報）：鹿児島大学農学部学術報告，16，pp.99-110．
春山元寿・谷口智子（1979）地山しらすの判別分類のための土壌硬度計の使用について：「しらす基準化シンポジウム発表論文集」（社団法人土質工学会しらす基準化委員会），pp.7-12．
河原田礼次郎（1957）シラスの物理的・力学的性質に関する研究（第1報）未攪乱試料の剪断試験について：鹿児島大学農学部学術報告，6，pp.222-226．
西　力造・木村大造（1952）シラス地帯研究（第2報）シラス層における含水量及びその力学的性質に及ぼす影響：鹿児島大学農学部学術報告，1，pp.18-27．
山内豊聡・後藤恵之輔・新開節治（1979）地山しらすの土壌硬度による判別分類：「しらす基準化シンポジウム発表論文集」（社団法人土質工学会しらす基準化委員会），pp.1-6．

山内豊聡・村田秀一・大庭　昇・表　俊一郎・露木利貞・難波直彦・春山元寿・藤本　広（1974）シラス（第 5 章, pp.203-261）：土質工学会編, 土質基礎工学ライブラリー10「日本の特殊土」, 土質工学会．356p.

山下貞二（1953）火山噴出物に依る特殊土壌の研究（第一報）南九州に於けるシラスの崩壊機構に関する化学的研究：鹿児島大学工学部紀要, 2, pp.58-68.

第 3 章

横山勝三（2000）入戸火砕流堆積物の分布北限：火山, 45, pp.209-216.

第 4 章

河野芳輝・大島恭麿（1971）火砕流堆積物の溶結過程に関する数値実験：火山, 第 2 集, 16, pp.1-14.

Kuno, H., Ishikawa, T., Katsui, Y., Yagi, K., Yamasaki, M., and Taneda, S. (1964) Sorting of pumice and lithic fragments as a key to eruptive and emplacement mechanism: Jap. Jour. Geol. Geog., 35, pp.223-238.

Riehle, J. R. (1973) Calculated compaction profiles of rhyolitic ash-flow tuffs: Geol. Soc. Amer. Bull., 84, pp.2193-2216.

Ross C. S. and Smith R. L. (1961) Ash-flow tuffs: Their origin geologic relations and identification: U. S. Geol. Survey Prof. Paper, 366, 81p.

Sheridan, M. F. and Ragan, D. M. (1976) Compaction of ash-flow tuffs: Chilingarian, G. V. and Wolf, K. H. (eds.), Compaction of Coarse-Grained Sediments, II: Elsevier, pp.677-717.

Smith, R. L. (1960) Zones and zonal variations in welded ash flows: U. S. Geol. Survey Prof. Paper, 354-F, pp.149-159.

鈴木隆介（1963）箱根火山北東部における軽石流の堆積とそれに伴った地形変化について：地理学評論, 36, pp.24-41.

横山勝三（1970）姶良カルデラ北方の入戸火砕流堆積物とその地形：地理学評論, 43, pp.464-482.

横山勝三（1972）姶良カルデラ入戸火砕流の流動・堆積機構：地理学研究報告（東京教育大学理学部地理学教室）, 14, pp.127-167.

第 5 章

志賀重昂（1894）「日本風景論」：近藤信行校訂（1995），岩波書店，395p.

早川元次郎（1897）「大日本帝国大隅薩摩土性図」：農商務省鉱山局地質課．

中島謙造（1897）10万分の 1 地質図幅「鹿児島」および同説明書：農商務省地質調査所．

大塚専一（1899）20万分の 1 地質図幅「志布志」および同説明書：農商務省地質調査所．

大塚専一（1901）20万分の 1 地質図幅「宮崎」および同説明書：農商務省地質調査所．

井上禧之助（1910）20万分の 1 地質図幅「加世田」および同説明書：地質調査所．

山崎直方・佐藤傳蔵共編（1911）「大日本地誌　巻八（九州）」：博文館，1164p.
Koto, B. (1916) The great eruption of Sakura-jima in 1914: Journal of the College of Science, Imperial University of Tokyo, 38, Article 3, 229p.
小田亮平（1917）鹿児島市外吉野臺の地質：地質学雑誌，24，pp.233-244.
小田亮平（1918）霧島火山地域地質調査概報：震災予防調査会報告，89，pp.97-119.
辻村太郎（1923）「地形学」：古今書院，610p.
渡邊　貫・曾我芳松・早野松次（1926）霧島地方に於ける火山灰層の土工に関する資料：土木建築雑誌，5-6，pp.14-17.
小林房太郎（1929）「火山」：南光社，582p.
辻村太郎（1929）「日本地形誌」：古今書院，454p.
井原敬之助（1931a）7万5千分の1地質図幅「伊集院」および同説明書：地質調査所.
井原敬之助（1931b）7万5千分の1地質図幅「鹿児島」および同説明書：地質調査所.
辻村太郎（1933）「新考地形学　第2巻」：古今書院，598p.
山口鎌次（1933）北部鹿児島灣近郊に於ける灰石類の岩石学的研究：地質学雑誌，40，pp.377-379.
松本唯一（1933）姶良火山について：地理学評論，9，pp.614-626.
田中館秀三（1933）「日本のカルデラ」：岩波書店，63p.
日本火山学会（1935）日本火山誌（一）桜島：火山，2，pp.228-296.
山口鎌次（1937）北部鹿児島灣の周縁地域特に吉野臺の地質に就いて（摘要）：地質学雑誌，44，pp.222-225.
山口鎌次（1938）鹿児島湾周辺に於ける台地の地形について：地質学雑誌，45，pp.517-519.
泉　清（1940）宮崎縣下のシラスに就いて：日本土壌肥料学雑誌，14，pp.299-303.
Matumoto, T. (1943) The four gigantic caldera volcanoes of Kyushu: Japanese Journal of Geology and Geography, 19, Special Number, 57p.
田町正誉（1950）「シラス地帯に於ける災害防止対策（中間報告）」：鹿児島県企画室，38p.
三木五三郎（1952）白砂台地の土質力学的特性と崩壊対策：シラス地帯災害調査報告並びに関係資料，第2集，鹿児島県企画室，pp.48-78.
西　力造・木村大造（1952）シラス地帯研究（第1報）シラス層の崩壊：鹿児島大学農学部学術報告，1，pp.10-15.
多田文男・三井嘉都夫（1952）鹿児島縣シラス台地の崖崩れ－再び掘り出された埋積谷の一例－：東京大学地理学研究，2，pp.27-34.
山口鎌次（1952）宮崎県下におけるいわゆるシラス層の地質について：地質学雑誌，58，pp.303-304.
鹿児島県（1953）「20万分の1鹿児島県地質図」：鹿児島県．（この地質図の作成者名は，地質図には表記されていないが，説明書（種子田，1953）によれば種子田定勝および有田忠雄である）

種子田定勝（1953）「鹿児島県の岩石の種類及び分布，二十万分の一鹿児島県地質図の説明」：鹿児島県．25p.

門田重行（1953）シラス層の層序に就いて：鹿児島大学教育学部研究紀要，5，pp.134-137.

久野　久（1954）「火山及び火山岩」：岩波書店，255p.

Taneda, S. (1954) Geological and petrological studies on the "Shirasu" in South Kyushu, Japan. Part I. Preliminary note: Memoirs of the Faculty of Science, Kyushu University, Series D, Geology, 4, pp.167-177.

荒牧重雄（1957）Pyroclastic flowの分類：火山，第2集，1，pp.47-57.

中村一明・荒牧重雄・村井　勇（1963）火山の噴火と堆積物の性質：第四紀研究，3，pp.13-30.

荒牧重雄（1963）「火砕流」の概念と研究史：火山，第2集，8，pp.110-112.

Moore, B. N. (1934) Deposits of possible nuée ardente origin in the Crater Lake region, Oregon: Jour. Geol., 42, pp.358-375.

Smith, R. L. (1960) Ash flows: Bull. Geol. Soc. Amer., 71, pp.795-841.

第6章

福富幹男・田矢盛之・真鍋弘道（1969）シラス地帯における自然斜面の崩壊の形態－とくに昭和44年6月梅雨前線豪雨による災害を視察して－：応用地質，10，1-10.

Matsukura, Y. (1987a) Critical height of cliff made of loosely consolidated materials: Ann. Rept. Inst. Geosci., Univ. Tsukuba, no.13, pp.68-70.

Matsukura, Y. (1987b) Evolution of valley side slopes in the "Shirasu" ignimbrite plateau: 地形，8，pp.41-49.

Matsukura. Y., Hayashida, S. and Maekado, A. (1984) Angles of valley-side slope made of "Shirasu" ignimbrite in South Kyushu, Japan: Zeit. Geomorph. N. F., 28, pp.179-191.

南九州シラス地帯調査連絡協議会（1955）「シラス地帯」：94p.

測量・地図百年史編集委員会（1970）「測量・地図百年史」：建設省国土地理院，673p.

矢野義男（1964）「特殊土壌地帯の防災工法」：山海堂，142p.

第7章

松尾征二（1984）九州からの使者：山口地学会編，「山口県地学のガイド－山口県の地質とそのおいたち－」，地学のガイドシリーズ　15，pp.218-222，コロナ社．

Nakada, S. (1992) Lava domes and pyroclastic flows of the 1991-1992 eruption at Unzen volcano: Yanagi, T., Okada, H. and Ohta, K. (eds.), Unzen Volcano the 1990-1992 Eruption: The Nishinippon & Kyushu University Press, pp.56-66.

岡田　肇・横山勝三（1982）霧島火山大浪池火口内における大隅降下軽石および入戸火砕流堆積物の発見とその意義：火山，第2集，27，pp.67-69.

小野晃司・渡辺一徳（1983）阿蘇カルデラ：月刊地球，44，pp.73-82.

下山正一・渡辺一徳・西田民雄・原田大介・鶴田浩二・小松　譲（1994）Aso-4火砕流に焼かれた巨木－佐賀県上峰町で出土した後期更新世樹木群－：第四紀研究，

33, pp.107-112.
渡辺一徳・横山勝三（1986）九州山地西部の火砕流堆積物：熊本大学教育学部紀要，自然科学，35, pp.57-71.

第8章

Hatanaka, K. (1985) Palynological studies on the vegetational succession since the Würm glacial age in Kyushu and adjacent areas: Jour. Faculty of Literature Kitakyushu Univ., (Series B) 18, pp.29-71.
河合小百合・三宅康幸（1999）姶良Tnテフラの粒度・鉱物組成－広域テフラの地域的変異の一例－：地質学雑誌，105, pp.597-608.
沼田　真・岩瀬　徹（1975）「図説日本の植生」：朝倉書店，178p.
齋藤文紀（1998）東シナ海陸棚における最終氷期の海水準：第四紀研究，37, pp.235-242.
嶋村　清（1994）熊本県天草郡御所浦町の海底地質，九州東海大学総合教育センター紀要，6, pp.73-104.
安田喜憲・三好教夫編（1998）「図説日本列島植生史」：朝倉書店，302p.
横山勝三（1985）大規模火砕流堆積物の地形－その性状と問題点－：地形，6, pp.131-152.
第6314号　海底地形図　1/1,000,000　西南日本　1983，海上保安庁．
1：1,000,000国際図（CARTE INTERNATIONALE　DU MONDE AU 1：1,000,000）SOUTH JAPAN. 1994, 国土地理院．

(8.6 年代関連)

荒牧重雄（1965）姶良カルデラ入戸火砕流の^{14}C年代：地球科学，80, p.38.
郷原保真（1965）姶良(あいら)火山の活動期：地球科学，76, p.33.
一色直記・小野晃司・平山次郎・太田良平（1965）放射性炭素^{14}Cによる年代測定：地質ニュース，133, pp.20-27.
池田晃子・奥野　充・中村俊夫・筒井正明・小林哲夫（1995）南九州，姶良カルデラ起源の大隅降下軽石と入戸火砕流中の炭化樹木の加速器質量分析法による^{14}C年代：第四紀研究，34, pp.377-379.
今村峯雄（1999）高精度^{14}C年代測定と考古学－方法と課題－：月刊地球，号外No.26, pp.23-31.
木越邦彦・福岡孝昭・横山勝三（1972）姶良カルデラ妻屋火砕流の^{14}C年代：火山，第2集，17, pp.1-8.
北川浩之（1999）炭素14年代測定の現状と新展開：月刊地球，号外No.26, pp.43-49.
町田　洋・新井房夫（1976）広域に分布する火山灰－姶良Tn火山灰の発見とその意義－：科学，46, pp.339-347.
町田　洋（1991）テフラ層のC-14年代値：月刊地球，13, pp.254-258.
村山雅史・松本英二・中村俊夫・岡村　真・安田尚登・平　朝彦（1993）四国沖ピストンコア試料を用いたAT火山灰噴出年代の再検討－タンデトロン加速器質量分析計による浮遊性有孔虫の^{14}C年代－：地質学雑誌，99, pp.787-798.

中村俊夫（2000）放射性炭素年代測定法の基礎：「日本先史時代の^{14}C年代」，pp.3-20，日本第四紀学会．

中村俊夫（2000）^{14}C年代から暦年代への較正：「日本先史時代の^{14}C年代」，pp.21-39，日本第四紀学会．

中村俊夫（2001）放射性炭素年代とその高精度化：第四紀研究，40，pp.445-459．

中村俊夫・福澤仁之（1999）総論：高精度年代決定法とその応用－第四紀を中心として－：月刊地球，号外No.26，pp.5-12．

奥野　充（2002）南九州に分布する最近約3万年間のテフラの年代学的研究：第四紀研究，41，pp.225-236．

小元久仁夫（1993）山形県最上町堺田で発見された姶良Tn火山灰（AT）の降下年代：地理誌叢，35，pp.1-8．

Sato, K., Aramaki, S., and Sato, J. (1972) Discrepant results of C-14 and fission track datings for some volcanic products in southern Kyushu: Geochemical Jour., 6, pp.11-16.

横山勝三（1971）姶良カルデラ入戸火砕流の^{14}C年代：地球科学，25，pp.45-46．

第9章

遠藤　尚（1974）シラス台地のタイプ：「シラス地帯の開発に伴う自然災害の防止研究」，（7p.），自然災害特別研究研究成果．

藤本　廣（1975）シラス層の陥没災害について：第12回自然災害科学総合シンポジウム講演論文集，pp.143-144．

藤本　廣（1975）シラスの侵食とパイピング現象の問題点：土と基礎，23，pp.41-48．

Griggs, R. F. (1918) The great hot mud flow of the Valley of Ten Thousand Smokes: Ohio Jour. Sci., 19, pp.117-142.

Heiken, G. (1979) Pyroclastic flow deposits: American Scientist, 67, pp.564-71.

平松頼夫（1968）水搬送工法：土木技術，23，pp.87-94．

木野義人・景山邦夫・奥村公男・遠藤秀典・福田　理・横山勝三（1984）「宮崎地域の地質」：地域地質研究報告（5万分の1図幅），地質調査所，100p．

桑代　勲（1960）シラスドリーネの生成：鹿児島地理学会紀要，10，pp.2-7．

桑代　勲（1961）シラスドリーネの発達：地理，6，pp.685-689．

桑代　勲（1969）阿蘇外輪山西麓火砕流台地の陥没地形：知覧文化（鹿児島県知覧町立図書館），6，pp.1-9．

桑代　勲・佐野武則・梼　みつ子・上国料優子・上笹貫淑子・木原みどり・酒匂かつ子・田実美穂子・前田勢津子・美野友子（1968）南薩台地の水資源問題：知覧文化五号，pp.1-33．

McGee, W. J. (1897) Sheetflood erosion: Bull. Geol. Soc. Am., 8, pp.87-112.

南日本新聞（1967）2月11日，12日記事．

Newhall, C. G., and Punongbayan, R. S. (eds.), Fire and Mud: Eruptions and Lahars of Mount Pinatubo, Philippines: Philippine Institute of Volcanology and Seismology, Quezon City, and University of Washington Press, Seattle and London, 1126p.

Okuno, M., Nakamura, T., Moriwaki, H., Kobayashi, T. (1997) AMS radiocarbon dating of the Sakurajima tephra group, Southern Kyushu, Japan: Nuclear Instruments and Methods in Physics Research B 123, pp.470-474.

小野晃司・松本徰夫・宮久三千年・寺岡易司・神戸信和（1977）「竹田地域の地質」：地域地質研究報告（5万分の1図幅），地質調査所，145p.

小野晃司・渡辺一徳（1985）「阿蘇火山地質図　1：50,000」，地質調査所．

尾崎正陽・長谷義隆・豊原富士夫（1994）表層地質図「耶馬渓」5万分の1：土地分類基本調査，国土調査，大分県．

Pierson, T. C., Daag, A. S., Deros Reyes, P. J., Regalado, Ma. Theresa M., Solidum, R. U., and Tubianosa, B. S. (1996) Flow and deposition of posteruption hot lahars on the east side of Mount Pinatubo, July-October 1991: Newhall, C. G., and Punongbayan, R. S. (eds.), Fire and Mud: Eruptions and Lahars of Mount Pinatubo, Philippines: Philippine Institute of Volcanology and Seismology, Quezon City, and University of Washington Press, Seattle and London, pp.921-950.

島野安雄（1988）阿蘇山周辺地域における水系網解析：ハイドロロジー（日本水文科学会誌），18，pp.22-33.

高橋達郎（1972）薩摩半島南縁の海岸地形：地理学評論，45，pp.267-282.

高山茂美（1986）「理科年表読本　川の博物誌」：丸善株式会社，237p.

田町正誉（1953）シラス地帯の災害防止対策（中間報告の2）：「シラス地帯災害調査報告並びに関係資料，第三集」，pp.37-53，鹿児島県企画室．

寺本行芳・地頭薗　隆・下川悦郎・古賀省三（1997）雲仙水無川流域における流出土砂量の経年変化：砂防学会誌，50-3, pp.35-39.

寺本行芳・地頭薗　隆・下川悦郎・古賀省三（2002）雲仙普賢岳における土石流発生降雨条件と流出特性の経年変化：砂防学会誌，54-5, pp.50-54.

Umbal, J. and Rodolfo, K. S. (1996) The 1991 lahars of southwestern Mount Pinatubo and evolution of the lahar-dammed Mapanuepe Lake: Newhall, C. G., and Punongbayan, R. S. (eds.), Fire and Mud: Eruptions and Lahars of Mount Pinatubo, Philippines: Philippine Institute of Volcanology and Seismology, Quezon City, and University of Washington Press, Seattle and London, pp.951-970.

山内豊聡・木村大造（1969）防災を中心とした"シラス"の問題点：土木学会誌，154-11, 9-20.

横山勝三（1982）土地分類基本調査「菊池」地形分類図：国土庁．

横山勝三（1983）大型火砕流堆積物の地形とその諸問題：熊本地学会誌，74，pp.2-8.

横山勝三（1997）カッパドキアのテント岩と火砕流文化：熊本地理，第8・9巻，pp.76-80.

Yokoyama, S. (1999) Rapid formation of river terraces in non-welded ignimbrite along the Hishida river, Kyushu, Japan: Geomorphology, 30, pp.291-304.

横山勝三（2000）鹿児島県笠野原台地の地形と生成過程：地形，21，pp.277-290.

荒牧重雄（1983）姶良カルデラと入戸火砕流：月刊地球（カルデラ），44，pp.83-92．
市川健夫監修（2002）「日本地図＆地理をもっと楽しむ本」：三笠書房，253p．
伊木常誠（1901）阿蘇火山：地学雑誌，第13輯，第148巻，pp.187-200．
岩崎重三・角田政治・有田保太郎（1907）「阿蘇山の地学的研究」：隆文館，214p．
Macdonald, G. A. (1972) Volcanoes: Prentice-Hall, 510p.
町田 洋・新井房夫（1992）「火山灰アトラス［日本列島とその周辺］」：東京大学出版会，276p．
横山勝三（1981）火砕流とその災害：地理，26-6，pp.78-87．
横山勝三（1987）九州における大規模火砕流の噴火とその堆積物：地形，8，pp.249-267．
横山勝三（1990）巨大火砕流噴火と防災対策の検討：火山，第2集，4，特別号，pp.292-293．
横山勝三（1992）阿蘇火山とその地形：山中 進・鈴木康夫編著「肥後・熊本の地域研究」，pp.1-16，大明堂．
横山勝三（1993）巨大火砕流のハザードマップ－主に入戸火砕流に基づく考察－．文部省科学研究費自然災害特別研究，計画研究「火山災害の規模と特性」（代表者 荒牧重雄）報告書，pp.319-326．
Williams, H. (1942) The Geology of Crater Lake National Park, Oregon. With a reconnaissance of the Cascade Range southward to Mount Shasta: Carnegie Institution of Washington Publication 540, 162p.

（10.3 植生関連）

Griggs, R. F. (1915) The effect of the eruption of Katmai on land vegetation: Bull. Amer. Geogr. Society of New York, 47, pp.193-203.
Griggs, R. F. (1917) The Valley of Ten Thousand Smokes; National Geographic Society Explorations in the Katmai District of Alaska: Nat. Geog. Mag., 31, pp.13-68.
Griggs, R. F. (1918) The Valley of Ten Thousand Smokes; An account of the discovery and exploration of the most wonderful volcanic region in the world: Nat. Geog. Mag., 33, pp.115-169.
Griggs, R. F. (1918) The recovery of vegetation at Kodiak: The Ohio Jour. Sci., 19, pp.1-57.
Griggs, R. F. (1919) The character of the eruption as indicated by its effects on nearby vegetation: The Ohio Jour. Sci., 19, pp.173-209.
Griggs, R. F. (1919) The beginnings of revegetation in Katmai Valley: The Ohio Jour. Sci., 19, pp.318-342.
河合小百合（2001）姶良Tnテフラの運搬・堆積過程とその植生への影響：信州大学学位論文，156p．
田川日出夫（1973）「生態遷移Ⅰ」：生態学講座11a，共立出版株式会社．87p．
辻誠一郎（1985）火山活動と古環境：岩波講座「日本考古学」2 人間と環境，pp.289-317，岩波書店．
辻 誠一郎・小杉正人（1991）姶良Tn火山灰（AT）噴火が生態系に及ぼした影響：第四紀研究，30，pp.419-426．

辻　誠一郎（1993）火山噴火が生態系に及ぼす影響：新井房夫編「火山灰考古学」，pp.225-246，古今書院．
露崎史郎（1993）火山遷移は一次遷移か：生物科学，45，pp.177-181．
露崎史郎（2001）火山遷移初期動態に関する研究：日本生態学会誌，51，pp.13-22．
Yoshii, Y. (1932) Revegetation of volcano Komagatake after the great eruption in 1929: 植物学雑誌，46, pp.208-215.
吉井義次（1940）火山植物群落の研究(3)：生態学研究，6，pp.59-72．
吉井義次（1942）駒ヶ岳爆発後の植物群落：生態学研究，8，pp.170-220．
Yoshioka, K. (1966) Development and recovery of vegetation since the 1929 eruption of Mt. Komagatake, Hokkaido: 生態学研究，16, pp.271-292.

第11章

中国科学院西北水土保持研究所編（1986）「中国黄土高原土地資源　Land Resources in the Loess Plateau of China」：陝西科学技術出版社．
Derbyshire, E. (1983) On the morphology, sediments, and origin of the Loess Plateau of Central China: Gardner, R. and Scoging, H. (eds.), Mega-geomorphology, Oxford. pp.172-194.
Liu Tungsheng (1988) Loess in China, Second ed., China Ocean Press Beijing, Springer-Verlag Berlin Heidelberg. 224p.
任美鍔編著　阿部治平・駒井正一 訳（1986）「中国の自然地理」，東京大学出版会，376p.
王永焱，張宗祜主編（1980）「中国黄土　Loess in China」：陝西人民美術出版社．
水利電力部黄河水利委員会編（1988）「黄河流域水土保持」上海教育出版社，117p.
徳田貞一（1957）「黄土－侵蝕地形－」：古今書院，145p.
横山勝三（1990）黄土地形災害ワークショップ（The Lanzhou field workshop on loess geomorphological processes and hazards）報告：地形，11, pp.151-157.
横山勝三（1993）シラスと黄土：Museum Kyushu, 12-2（第44号），pp.8-14.
横山勝三（1994）九州南部のシラスと中国黄土高原の黄土：熊本地学会誌，105, pp.2-9.
Yokoyama, S., Matsukura, Y. and Suzuki, T. (1991) Topography of Shirasu ignimbrite in Japan and its similarity to the loess landforms in China: Catena Supplement 20, pp.107-118.

第12章

橘村健一（1997）「発想の驚異　シラス文化」：高城書房，230p.
桐野利彦（1988）「鹿児島県の歴史地理学的研究」：有限会社徳田屋書店．517p.
桐野利彦（1988）「シラス文化」：私製版，86p.
南日本新聞火山取材班（1989）「火山と人間」：岩波書店，364p.
佐野武則（1997）「シラス地帯に生きる」：かごしま文庫37，春苑堂出版，229p.
高木恭二・渡辺一徳（1990）石棺研究への一提言－阿蘇石の誤認とピンク石石棺の系譜－：古代文化，42，pp.21-32．

়
索引

あ 行

姶良カルデラ　2, 3, 136, 142
姶良Tn火山灰（AT）　76, 86, 145, 150
阿寒カルデラ　136
阿蘇火砕流（堆積物）　36, 70, 118, 124
阿蘇火山　115, 138
阿蘇カルデラ　70, 115, 137, 142
阿蘇カルデラ北外輪山　121
阿蘇カルデラ東外輪山　115, 118
阿蘇カルデラ南外輪山　111, 113, 123
阿蘇熔岩　36, 51
阿多火砕流堆積物　64, 134, 139
阿多カルデラ　136, 142
天草（諸島）　21, 75
網掛川　139
天降川　41, 139
安楽川　102
池田火砕流堆積物　18
池田湖　3, 18
異質物質　8
伊集院　62, 98, 99, 100
伊豆大島三原山　143
出水山地　22
一次遷移　146, 149
五木　20, 76
入戸　3, 5, 43
入戸火砕流（堆積物）　5, 39, 69, 141
岩戸火砕流堆積物　64, 139
インターロッキング　19
臼杵石仏　161
有珠山　143
台台地　130
宇土　161
ウバーレ　128
雲仙普賢岳　66, 97, 141, 143
頴娃　134
江口　62, 77
横穴墓　162
大隅海峡　75
黄土　151, 153
黄土陥穴　155
黄土高原　155, 157
大鳥峡　131
大浪池　69
大野川　115
大淀川　102
音響探査機　77

か 行

海岸砂丘（砂）　10, 151
海岸段丘　60, 134
塊状集積部（石質岩片の）　14, 15
海食崖　63, 134
海食洞　134
崖錐　61, 65
開析　78, 94
開析谷　78, 93, 98, 106
開聞岳　22
加久藤火砕流堆積物　64, 133, 139
加久藤カルデラ　136, 142
崖崩れ　1, 17, 61, 158
火口　136
下刻（作用）　93, 94, 98, 102
鹿児島空港　58
火砕流　34, 66, 139
火砕流凹地　126, 155
火砕流丘陵　120
火砕流原　81, 84, 146
火砕流災害　140
火砕流台地　57
火砕流の温度　34
火砕流の規模　67
火砕流文化　160, 162
笠野原　57, 89, 90, 159
火山ガラス　7, 16, 35
火山岩塊　8, 9
火山灰　8, 9, 96, 144
火山豆石　13, 14
火山礫　8

ガスパイプ　11, 14, 15, 125
河成（河岸）段丘　61, 102
化石谷　102
加世田　39
河川争奪　107, 109
加速器質量分析計（AMS）　85, 86
固さ　17, 18, 44, 125
カッパドキア（トルコ）　125, 162
カトマイ火山（アラスカ）　96, 147, 148
花粉（化石）　73, 145, 150
カマノクド　133
神之川　98, 102
上峰　71
ガリー（侵食）　63, 96, 124, 154
軽石（塊）　7, 8, 31, 37
軽石塊集積部　14
軽石流（堆積物）　97, 147, 149
カルデラ　136
カルデラ縁　139
カルデラ壁　139
川辺　39, 161
河原川　109
川辺川　20, 29, 33, 70
間隙率　17, 118
間欠流　89, 101
環状岩礁　134
含水比　18
岩塔　131, 160
陥没カルデラ　136
喜入　62, 77
鬼界カルデラ　142
菊池　108, 109, 124
菊池川　109
菊池渓谷　131
基質（マトリックス）　8, 37
基線　57
亀甲（状の）模様　37, 132
基底集積部（石質岩片の）　14, 15
基盤（地形）　22, 31, 68, 84
肝属山地　22
旧開析谷　98, 101, 107, 110
九州山地　20, 21, 22, 70
凝灰角礫岩　8
凝灰岩　8
峡谷　131, 160
強度　17, 18, 64, 156
強溶結　35, 44

巨大火砕流　68, 70, 139, 141
霧島山　22
桐野利彦　158
均質部（シラスの）　10, 32
串良川　102
屈斜路カルデラ　136
国見山地　22, 69, 70
球磨川　20, 70, 77, 133
クラカタウ火山（インドネシア）　147
Griggs, R. F.　147
クレーターレーク（型）カルデラ　136
現開析谷　98, 101, 107
検校川　75, 139
原堆積面　83, 115
原地形　78, 84, 85
原地形の復元　78, 79
原分布（シラスの）　75, 77
原面　78
コイグニンブライトアッシュ　144, 145
降下火砕堆積物　96
黄河　151, 153
黄砂　151
合志川　109, 110
恒常河川　101
較正年代（較正暦年）　87
甲突川　95
黄土　151
高山　39
谷頭侵食　94, 109
国分　3, 4, 29
黒曜岩（黒曜石）　37
固結度　17, 125, 131, 156
甑島列島　75
御所浦島　77
古地理　73, 74, 75, 77
コディアク島（アラスカ）　148
古墳　161
駒ヶ岳（北海道）　147, 149

さ　行

再生カルデラ　162
西都　76
桜島　22, 28, 52, 106
里型分布（シラスの）　25, 160
三層構造（火砕流堆積物の）　38, 41
サンピエール（マルチニーク島）　140

索引　175

支笏カルデラ　115, 136
支笏湖　2
次数（水流の）　111
地すべり　154
七野　128, 130
志布志　14, 62, 96
弱溶結　35, 44
斜層理　90
斜面崩壊　61, 154
十三塚原　57, 58
集水域（流域）　107, 130
^{14}C年代　85
鍾乳洞　128
縄文海進　63
照葉樹林　74, 146
常緑広葉樹林　146
シラス原　81, 89, 94, 114
シラスドリーネ　126, 127
シラスの色　16
シラスの固さ　17
シラスの基盤　22, 23
シラスの硬度　18, 125
シラスの分布　20, 21
シラス文化　158
シルト　8, 9, 151
侵食基準面　85, 94
侵食段丘　105
浸透能（浸潤能）　88, 118
深耶馬渓　118, 131
針葉樹林　150
水系（図）　111
水系密度　115, 124
水系網　111
水成シラス　89, 90, 105
水成堆積物　89
水搬（送）工法　95
末吉　16
宿毛　76
ストレーラーの方法　111
砂　7, 9
西安（中国）　151
成層構造　3, 11
石質岩片（石質破片）　7, 31
石質岩片集積部　14
関之尾の滝　133
石棺　161
接峰面図　25, 75, 78

節理　36, 65
遷急転　134
扇状地　95
川内川　102
層雲峡　131
造成地　94, 95
層相　10, 11
層理　90
ソーティング　9, 10, 13
組織地形　135
側刻（作用）　94

た　行

太行山脈（中国）　151
対性段丘　102
堆積地形　78
堆積面　78
台地　57
台地崖　57, 61
台地面　57
大陸棚　75
大陸氷床　73
高隈山地　22
高千穂峡　131
竹田　115, 161
辰ホゲ　126
縦溝河床　131
種子島　21, 75
田野　130
玉名　161
垂水　3, 77
段丘崖　102
段丘堆積物　102, 104
段丘面　102
炭酸カルシウム　152
地形輪廻（侵食輪廻）　84
地表流（表面流）　88, 118
柱状節理　口絵G, 36, 65, 131
沖積錐　94, 95, 159
沖積地　98
潮間帯　135
知覧　58, 130, 134
月野川　111, 112
妻屋火砕流堆積物　18
定高性　120, 123
Davis, W. M.　84

泥熔岩　36
テフラ　79, 119
テフラ・土壌層　79, 95, 102, 106
テント岩　口絵J, K, 124, 162, 163
透水層　101
洞爺カルデラ　136
十勝溶結凝灰岩　131
土石流　97, 144, 148
土柱　口絵F, 125
取り込み岩片　34
ドリーネ　126
十和田カルデラ　115, 136
十和田湖　2, 32

な　行

長島　21
鳴野原　127
波野　118
奈良盆地　161
二次シラス　89
二次遷移　148
熱雲　140
粘土（鉱物）　8, 9, 152
ノッチ　64, 134

は　行

バイアスカルデラ（アメリカ）　124, 162
灰石　36, 50
箱根火山　32
ハザードマップ　143
波食棚　134, 135
バッドランド　96, 124
発泡　8
花瀬　131
番所鼻　135
氷川　76
菱田川　102, 103, 104
必従河流（必従谷）　115, 123
人吉（盆地）　3, 20, 69, 70
ピナツボ火山（フィリピン）　96, 143
日向灘　76, 77
氷河時代（氷期）　73, 86, 145
非溶結（部）　35, 37, 38
平野　71
平八重　128, 129

風化　16, 18
風化火山灰　152
風成堆積物　151, 156
深井戸　64, 159
吹上浜　62
不均質部（シラスの）　10
布状洪水　88, 95, 118
浮石　8
不透水層　101
古江　62
フローユニット　10
噴煙　140, 144
噴火災害　143
噴気孔　147
分岐比　119
分級（淘汰）　9
分水界　81
平滑河床　131
別府川　139
ホートンの法則　119
ポットホール　132, 160
本質物質　8, 35

ま　行

埋積接峰面図　78
磨崖仏　161, 162
馬門石　161
牧神　3
マグマ　8, 40
枕崎　16, 134
松本　62
松山　14, 16
マトリックス　8
万之瀬川　102
マルチニーク島（西インド諸島）　140
万膳　16
水無川　97
密度　35, 41, 44
緑川　76
三宅島　143
都城　3
宮崎　16, 20
宮崎平野　32, 76
無従河流（無従谷）　115
紫原　62
モンプレー火山（マルチニーク島）　140

索引　177

や　行

屋久島　21, 75
八代海　77
山口　70
山坂達者の教育　159
山崎川　115, 116
山中式土壌硬度計　18, 125
耶馬渓（溶結凝灰岩）　118, 131
ヤルダン（状河床）　口絵I, 131, 133
塬（Yuan）　154, 156
湧水　101, 159
ユータキシティック構造　37, 44
溶岩ドーム　66, 141
溶結圧密収縮　43, 45, 46
溶結凝灰岩　35, 118, 131, 160
溶結後堆積面　83, 115
溶結作用　34, 35, 44
溶結程度　35, 41, 42, 43
溶結部　37, 38, 39, 41
吉井義次　147
与次郎ケ浜　95

ら　行

落水　63
落水型侵食　95, 96
落葉広葉樹（林）　73, 146, 150
ラハール　97
蘭州（中国）　151
リオグランデ（アメリカ）　163
陸橋　75
流域　107, 111
粒度組成（粒度分布）　9
粒度分析　9, 55
類質物質　8
冷却節理　36
礫　8, 9
暦年　87

わ　行

鰐塚山地　22

著者紹介

横山勝三　よこやましょうぞう

熊本大学教授（教育学部），理学博士．
1944年生まれ，鹿児島県出身．1966年東京教育大学理学部地学科（地理学専攻）卒業，1972年東京教育大学大学院理学研究科博士課程修了．大学教育では，地理学のうちとくに専門の地形学を中心に自然地理学の分野を担当．これまで，九州南部のシラスをはじめ，三瓶山（島根県）や伊豆新島などの火山地形および火山噴出物の地形・地質学的研究に従事．

書　名	**シラス学——九州南部の巨大火砕流堆積物**
コード	ISBN4-7722-3035-1　C3044
発行日	2003年10月10日初版第1刷発行
著　者	**横山勝三** Copyright © 2003　Shozo YOKOYAMA
発行者	株式会社古今書院　橋本寿資
印刷所	株式会社カシヨ
製本所	渡辺製本株式会社
発行所	**古今書院**　〒101-0062　東京都千代田区神田駿河台2-10
電　話	03-3291-2757
F A X	03-3233-0303
振　替	00100-8-35340
	検印省略　Printed in Japan